新版美国陆军野战炮兵条令体系

编著 陈立勇 李 畅
参编 张栋梁 段 波 邓欣博
     沈绿漪 高泽丽 曹溶容
     康春农 刘长江 吕学志

国防工业出版社
·北京·

内 容 简 介

本书紧盯科技之变、战争之变、对手之变,坚持面向战场、面向部队、面向未来,以搞透作战对手、服务备战打仗为目标,对美国陆军野战炮兵条令体系历史演进及其核心条令迭代发展进行了全面梳理,对美国陆军启动新版野战炮兵条令体系编修的时代动因进行了深入分析,对2019年7月至2024年7月间修订颁发的美国陆军野战炮兵条令体系及其蕴含的主要作战思想、优势与局限等问题进行了系统研究。

本书内容前瞻、体系完整、结构合理、资料翔实,对我军作战理论研究及院校相关课程教学具有重要的借鉴参考价值。

图书在版编目(CIP)数据

新版美国陆军野战炮兵条令体系 / 陈立勇,李畅编著. -- 北京:国防工业出版社,2025. -- ISBN 978-7-118-13736-1

Ⅰ. E712.51

中国国家版本馆 CIP 数据核字第 2025AT0777 号

※

国防工业出版社出版发行
(北京市海淀区紫竹院南路23号 邮政编码100048)
北京凌奇印刷有限责任公司印刷
新华书店经售

*

开本 710×1000 1/16   印张 8½   字数 150 千字
2025 年 5 月第 1 版第 1 次印刷   印数 1—500 册   定价 68.00 元

(本书如有印装错误,我社负责调换)

国防书店:(010)88540777   书店传真:(010)88540776
发行业务:(010)88540717   发行传真:(010)88540762

前　言

美国陆军野战炮兵条令编修和迭代传承有着比较悠久的历史和丰富的经验。截至 2024 年 7 月，其核心条令发展演进了 6 代。1977 年，为适应陆军提出的"积极防御"理论，美国陆军颁布了 FM 6-20《合成军队作战火力支援》，这是美国陆军专题规范合成军队作战火力支援的第 1 代条令。自此，火力支援条令一直作为美国陆军野战炮兵的核心条令，对其他技术条令起统领、指导和规范作用；1983 年，为适应"空地一体战"理论，美国陆军对 FM 6-20《合成军队作战火力支援》条令进行了修订；1988 年，为进一步彰显"空地一体战"特色，美国陆军对条令进行再次修订后，将其更名为 FM 6-20《空地一体战火力支援》；2011 年，为将海湾战争、伊拉克战争以来的"全频谱作战思想"体现到条令中，美国陆军在对条令进行重新修订后，根据新的条令编号规则，以 FM 3-09《火力支援》重新命名；2014 年，根据"2015 年条令战略"计划，美国陆军颁布第 5 代野战条令 FM 3-09《野战炮兵作战与火力支援》；2020 年，因应"大国竞争"背景下"大规模作战行动"需求，美国陆军颁布第 6 代野战条令 FM 3-09《火力支援与野战炮兵作战》，并与其上层条令 ADP 3-19《火力》共同指导和规范了系列野战炮兵技术条令的编修更新，形成了新版美国陆军野战炮兵条令体系。

《新版美国陆军野战炮兵条令体系》共分为 5 章。第 1 章绪论，主要概述美军作战条令体系、美军作战条令编修机制、美国陆军野战炮兵条令体系历史演进及其核心条令迭代发展等内容。第 2 章美国陆军启动新版野战炮兵条令体系编修的时代动因，主要从作战理论牵引、智能技术推动、战场重心位移、上位条令迭代四个方面进行论述。第 3 章新版美国陆军野战炮兵条令体系及其主要条令解读，首先描述新版美国陆军野战炮兵条令体系，进而对其顶层条令 ADP 3-19《火力》、核心条令 FM 3-09《火力支援与野战炮兵作战》、技术条令中的典型代表 ATP 3-09.24《野战炮兵旅》分别进行详尽解读。第 4 章新版美国陆军野战炮兵条令体系蕴含的核心作战思想，主要从思想内涵、特点优势、具体体现三个方面，研究剖析新版美国陆军野战炮兵条令所蕴含的多域作战思想、分布式作战思想、马赛克战思想、决策中心战思想。第 5 章新版美国陆军野战炮兵条令体系的优势与局限，从体系完整层级清晰、突出火力主体地位、覆盖所有力量行动、行文规范风格统一、形式生动内容丰富、滚动编修更新及时六个方面分析了新版美国陆军野战炮兵条令体系的优势；从条令体系与军事理论发展不相适应、条令体系与战场贴合度不够紧密、条令体系各阶段演变发展不够匹配三个方面分析了新版美国陆军野战炮兵条令体系的局限。

本书开创性地对美国陆军野战炮兵条令体系历史演进及其核心条令迭代发展、现行美国陆军野战炮兵条令体系及其蕴含的主要作战思想等问题进行了全面、深入、系统研究，对我军作战理论研究及院校相关课程教学具有重要借鉴参考价值。

受研究资料及能力水平所限，难免有疏漏和不妥之处，敬请斧正！

作者
2024 年 11 月于南京

目 录

第1章 绪论 ·· 1
  1.1 美军作战条令体系 ·· 1
    1.1.1 联合条令 ··· 2
    1.1.2 军种条令 ··· 3
    1.1.3 兵种条令 ··· 6
  1.2 美军作战条令编修机制 ·· 7
    1.2.1 组织机构 ··· 7
    1.2.2 条令编修 ··· 8
    1.2.3 紧急修订 ·· 10
  1.3 美国陆军野战炮兵条令体系历史演进及其核心条令迭代发展 ········ 11
    1.3.1 美国陆军野战炮兵条令体系历史演进 ·························· 11
    1.3.2 美国陆军野战炮兵核心条令迭代发展 ·························· 15

第2章 美国陆军启动新版野战炮兵条令体系编修的时代动因 ·············· 27
  2.1 作战理论牵引 ·· 27
    2.1.1 美军作战理论提出的战略背景 ································ 27
    2.1.2 美军作战理论蕴含的核心要义 ································ 28
  2.2 智能技术推动 ·· 30
    2.2.1 政策应对 ·· 30
    2.2.2 实践探索 ·· 31
  2.3 战场重心位移 ·· 32
    2.3.1 反恐作战转向均势作战 ······································ 33
    2.3.2 陆域作战转向全域作战 ······································ 33
  2.4 上位条令指导 ·· 33
    2.4.1 2017年版 FM 3-0《作战纲要》 ······························ 34
    2.4.2 2019年版 ADP 1-01《条令入门》 ···························· 34
    2.4.3 2019年版 ADP 3-0《作战》 ································· 34

第3章 新版美国陆军野战炮兵条令体系及其主要条令解读 ················ 36
  3.1 顶层条令——2019年版 ADP 3-19《火力》 ······················ 36

3.1.1　火力介绍 ………………………………………………… 37
3.1.2　跨域火力实施 …………………………………………… 39
3.1.3　整合陆军、多国和联合火力 …………………………… 41
3.2　核心条令——2020 年版 FM 3-09
《火力支援与野战炮兵作战》 …………………………………… 43
3.2.1　火力支援基础与野战炮兵的职责 ……………………… 43
3.2.2　火力支援系统 …………………………………………… 46
3.2.3　火力支援与作战行动过程 ……………………………… 47
3.2.4　野战炮兵作战 …………………………………………… 51
3.2.5　塑造性和预防性作战行动中的火力支援 ……………… 53
3.2.6　大规模地面作战行动中的纵深火力支援 ……………… 54
3.3　技术条令——2022 年版 ATP 3-09.24《野战炮兵旅》 …… 59
3.3.1　编制体制框架 …………………………………………… 59
3.3.2　指挥控制 ………………………………………………… 64
3.3.3　作战与整合过程 ………………………………………… 66
3.3.4　作战运用 ………………………………………………… 68
3.3.5　保障行动 ………………………………………………… 70

第4章　新版美国陆军野战炮兵条令体系蕴含的核心作战思想 … 74
4.1　多域作战思想 ………………………………………………… 74
4.1.1　思想内涵 ………………………………………………… 75
4.1.2　特点优势 ………………………………………………… 75
4.1.3　具体体现 ………………………………………………… 77
4.2　分布式作战思想 ……………………………………………… 78
4.2.1　思想内涵 ………………………………………………… 79
4.2.2　特点优势 ………………………………………………… 79
4.2.3　具体体现 ………………………………………………… 80
4.3　马赛克战思想 ………………………………………………… 81
4.3.1　思想内涵 ………………………………………………… 82
4.3.2　特点优势 ………………………………………………… 82
4.3.3　具体体现 ………………………………………………… 83
4.4　决策中心战思想 ……………………………………………… 84
4.4.1　思想内涵 ………………………………………………… 84
4.4.2　特点优势 ………………………………………………… 86
4.4.3　具体体现 ………………………………………………… 87

第5章　新版美国陆军野战炮兵条令体系的优势与局限 …… 88
5.1　优势 …… 88
5.1.1　体系完整，层级清晰 …… 88
5.1.2　突出火力主体地位 …… 89
5.1.3　覆盖所有力量行动 …… 89
5.1.4　行文规范，风格统一 …… 89
5.1.5　形式生动，内容丰富 …… 90
5.1.6　滚动编修，更新及时 …… 90
5.2　局限 …… 91
5.2.1　条令体系与军事理论发展不相适应 …… 91
5.2.2　条令体系与战场的贴合度不够紧密 …… 95
5.2.3　条令体系各阶段演变发展不够匹配 …… 97
附录　美国陆军野战炮兵术语 …… 99
参考文献 …… 124

第 1 章
绪论

美军作战条令是美军作战和训练的指导性文件,集中体现美军作战思想和作战理念。美军十分重视作战条令建设,将其视为依法治军的基本标志。美军作战条令编修工作起步早、历时长、经验丰富,作战条令更新换代频繁,条令体系比较完善,条令体例比较规范,条令制定程序比较严谨,组织管理方法比较科学,在世界各国军队中具有很强的代表性。加强对美军作战条令的深入研究,对于创新和发展我军作战条令具有重要借鉴作用和参考价值。

1.1 美军作战条令体系

条令(doctrine—fundamental principles by which the military forces or elements thereof guide their actions in support of national objectives),根据2019年版美军联合出版物 JP 1-02《国防部军事和相关术语词典》(Department of Defense Dictionary of Military and Associated Terms)的定义,是指"军队或其组成部分用于指导其作战行动以实现国家目标的基本原则。"一般认为,"美军作战条令是美军作战和训练的指导性文件,集中体现了美军的作战思想和作战理念,是其实施作战、训练的基本依据。"从概念上讲,美军作战条令侧重于描述作战行动的指导性和理论性,其作战条令不仅反映成熟的作战理论,更注重发挥作战条令的引领和设计功能。

广义上讲,美军作战条令体系包括国防部、参谋长联席会议(简称参联会)、各军种等权威机构颁布的各类官方出版物,其中较为典型的包括国防部指令(DoDD)、国防部指示(DoDI)、参联会主席指示(CJCSI)、参联会主席手册(CJCSM)以及联合出版物(JP)、陆军条令出版物(ADP)、陆军野战手册(FM)、陆军技术出版物(ATP)、空军条令(AFD)、海军出版物(NDP)、海军陆战队条令出版物(MCDP)等30余种各类文件,内容涵盖与作战相关的方方面面。

狭义上讲，美军作战条令体系仅包括联合出版物（JP）、陆军条令出版物（ADP）、陆军野战手册（FM）、陆军技术出版物（ATP）、空军条令（AFD）、海军出版物（NDP）、海军技术参考出版物（NTRP）、海军陆战队条令出版物（MCDP）等20余种各类文件，内容涵盖类似我军发布的军语、军队标号、军事战略方针、未来作战构想、军种使命任务、作战法规、司令部条例、战备条例、军事百科、训练教材、条令辅导材料等方面。

美军现行条令体系，可归纳为2大类别、4个层级、5个板块、5~7个模块。即联合、军种2大类别，每一类别又包括战略、战役、战术和技术规程4个层级，军种条令分为陆军条令、海军条令、空军条令、陆战队条令和海岸警卫队条令5个板块，联合条令和军种条令又按职能领域区分为5~7个模块。

1.1.1 联合条令

早在20世纪80年代，美军就认识到联合作战将成为基本作战形式，原有的单独按军种规范作战行动的条令体系已难以适应未来作战需要。为此，美军成立了专门负责联合条令制定工作的"联合条令、教育和训练处"，对以军种作战行动为主线、各军种分别进行规范的原有作战条令体系进行重大改革，开始系统设计统一规范各军种作战行动的联合条令体系。

联合条令是美军所有军兵种条令的基础，是各军种联合部队实施作战与训练的依据，是关于如何制订联合作战计划、采取联合军事行动和规定相关保障制度的一整套条令体系，为美国武装力量实施一体化联合作战提供了根本依据和基本遵循。联合条令的目的在于提高美军联合力量的作战效能，提升美国军事力量和国家力量运用的协调性，达到支持美国国家政策和军事战略的目的，集中反映了美军联合作战的基本原则，充分体现了美军先进作战理念的最佳实践，是美军联合作战和联合训练的经验总结。

联合条令由参联会牵头组织制定并颁发，指定联合参谋部下属的作战计划与协调部（J-7部）负责联合条令内容的编写和评估工作。从1991年开始颁布第一本《联合作战条令》，经过几十年不断创新发展和修订完善，目前美军已经形成了一个相对完整的联合条令体系。

联合条令体系的组成条令以美军联合出版物英文缩写"JP"与数字相结合的形式编号，划分为4个层级。

第一层级（战略级）条令编号"JP X"，目前只有一部，即JP 1《美国武装部队条令》（Doctrine for the Armed Forces of the United States）。该条令在美军联合条令中起统领作用，也是美军条令体系中的"拱顶石"，为美军实施统一行动提供总的指导方针，同时也是美军参与跨部门及跨国行动的条令依据，是连接国家战略、政策与六大联合条令系列的桥梁。

第二层级（战役级）条令编号"JP X-0"，目前共有6本。因循联合参谋部主要职能部门编号方式，"X"分别编号为："1"人事，JP 1-0《联合人事支援条令》(Joint Personnel Support)；"2"情报，JP 2-0《联合情报条令》(Joint Intelligence)；"3"作战，JP 3-0《联合作战纲要》(Joint Operations)；"4"后勤，JP 4-0《联合后勤条令》(Joint Logistics)；"5"计划，JP 5-0《联合计划纲要》(Joint Operations Planning)；"6"通信，JP 6-0《联合通信系统》(Joint Communications System)。以上6本联合条令都是纲领性的条令，称为条令体系中的"拱心石"，为各自职能领域的顶级条令，主要是确定六大职能领域的专业指导、职责划分和工作流程。

第三层级（战术级）条令编号"JP X-XX"，为各自职能领域提供辅助性延伸条令。如JP 1-02《国防部军事和相关术语词典》(Department of Defense Dictionary of Military and Associated Terms)、JP 3-33《联合（特遣部队）司令部》(Joint Task Force Headquarters)等。这一层级联合条令在整个美军联合条令体系中所占比重最大（据不完全统计，截至2024年7月，这一层级的联合条令有50余本），几十年来发展变化也最大，表现为以下几个方面：一是因为新作战概念的提出、战场环境的改变、编制装备的优化等原因，一些条令合并重组，序号仍使用原有序号。如2004年，在充分总结"9·11"事件中联合情报工作经验教训的基础上，美军合并了JP 2-01《军事行动联合情报支援》和JP 2-02《联合作战国家情报支援》，发布新版JP 2-01《军事行动联合与国家情报支援》，JP 2-02被废除。二是对作战概念有新的认识与理解，虽然保留某些原来条令的编号，但名称发生改变。例如，2021年7月，美军颁发JP 3-72《联合核作战》，虽然编号保持不变，但条令名称与2019年版《核作战》的名称发生变化。三是因应时代发展，新的条令应时而出，随之废止原有相关条令。如2020年7月，美军正式发布《联合电磁频谱作战条令》，启用新的编号JP 3-85，随之废止原有条令 JP 3-13.1《电子战》及JP 6-01《联合电磁频谱管理》。

第四层级条令编号"JP X-XX.X"，为第三层级联合条令提供辅助性条令或联合战术、技术与程序。例如，JP 2-01.2《联合作战反情报与人力情报支援》为JP 2-01《军事行动联合与国家情报支援》辅助条令。

1.1.2 军种条令

美军军种条令包括陆、海、空军和陆战队、海岸警卫队作战条令。与联合条令相对应，按照不同职能领域通常划分为5~7个模块："1"模块为人事，"2"模块为情报，"3"模块为作战，"4"模块为后勤，"5"模块为计划，"6"模块为指挥控制，其编号规则与联合条令大体相同。

1. 陆军条令

陆军条令体系分为3个层次。

位于顶层的是陆军条令出版物（ADP），如 ADP 1《陆军》、ADP 2-0《情报》、ADP 3-0《作战》、ADP 4-0《保障》、ADP 5-0《作战流程》、ADP 6-0《任务式指挥：陆军力量的指挥和控制》、ADP 7-0《训练：部队训练和领导培养》等，主要阐述美国陆军在未来作战、训练和军队建设等各个方面要遵循的基本原则，具有总揽全局的战略地位和相对稳定性，发挥纲领性作用。

位于第二层的是野战条令（FM），如 FM 1-0《人力资源支援》、FM 2-0《情报（行动）》、FM 3-0《作战纲要》、FM 4-0《保障行动》等，主要阐述战术、技术及作业程序，发挥规范性作用。

位于第三层的是陆军技术出版物（ATP），如 ATP 1-0.2《战区级人力资源保障》、ATP 3-06《城市作战》、ATP 3-34.22《旅战斗队及以下部队工程兵作战行动》等，主要明确执行使命、任务以及履行职能时所应遵循的途径和方法，这些途径和方法不具有法律约束力，仅发挥参考性作用。

2. 海军条令

海军条令按职能领域分为6个系列，各系列的第一本为纲领性条令，具体情况如下：NDP 1 系列包括总纲与参考性条令，其中的1号条令 NDP 1《海战》是所有海军条令的基础；NDP 2 系列为情报，纲领性条令为 NDP 2《海军情报》；NDP 3 系列为作战，纲领性条令为 NDP 3《海军作战》；NDP 4 系列为后勤，纲领性条令为 NDP 4《海军后勤》；NDP 5 系列为计划，纲领性条令为 NDP 5《海军计划》；NDP 6 系列为指挥与控制，纲领性条令为 NDP 6《指挥与控制》。

从层次上看，海军条令分为3级，即战略级、战役级和战术级。战略级条令"海军条令出版物（NDP）"，主要阐述美国海军的职责、基本作战思想、战役作战原则等核心内容，是海军最基本的指导性条令，其作用是将最高军事战略与舰队作战联系起来，指导部队的作战行动。该级条令包括 NDP 1、NDP 2、NDP 3、NDP 4、NDP 5、NDP 6 共6本。

战役级条令"海军作战出版物（NWP）"，主要阐述任务与职能、部队编组与使用、作战支援等问题。

战术级条令"海军战术、技术与程序",阐述海军战术思想、武器平台的操作程序与使用方法、组织与能力、支援职能等内容。

3. 空军条令

美国空军条令（AFDD）自成体系,三层结构,由数十部既相互关联又各自独立的条令组成,由美国空军柯蒂斯·李梅条令中心负责编修,空军参谋长主持制定并签发。

空军条令是美国空军部队作战与训练的法规和指导性文件。空军条令与其他军种条令的区别在于,它不按职能分类,只按层次分为战略、战役、战术3个级别。

战略级条令,其编号的第一个数字为1,只有一本,即AFDD 1《美国空军航空航天基本条令》。该条令阐述空中和太空力量的基本要素,以及如何在军事行动中正确地使用空中和太空部队的基本原则,同时还为非空军人员了解战争提供了独特的视角。该条令能为编组和运用空军部队提供广泛而持续的指导,是所有空军条令的基础。

战役级条令,其编号的第一个数字为2。该系列条令将战略级条令的原则应用到具体的军事行动之中,并详细地阐述了空中和太空部队的编组和运用问题。战役级条令约30本,其纲领性条令为AFDD 2《航空力量的编组与运用》。该系列条令根据作战样式分为8个领域。其中,空战领域,共9本,纲领性条令为AFDD 2-1《空中作战》；太空作战领域,共2本,纲领性条令为AFDD 2-2《太空作战》；非战争军事行动领域,共2本,纲领性条令为AFDD 2-3《非战争军事行动》；战斗支援领域,共6本,纲领性条令为AFDD 2-4《战斗支援》；信息作战领域,共5本,纲领性条令为AFDD 2-5《信息作战》；空中机动作战领域,共4本,纲领性条令为AFDD 2-6《空中机动作战》；特种作战领域,只有1本,即AFDD 2-7《特种作战》；指挥与控制领域,只有1本,即AFDD 2-8《指挥与控制》。

战术级条令,其编号的第一个数字为3。战术级条令主要阐述如何正确使用具体的武器系统,或者阐述某个武器系统如何与其他武器系统配合使用,才能完成某项具体任务。战术级条令阐述具体的战术目标（如空投水雷封锁港口）和战术条件（如威胁、天气和地形）,以及如何运用某种武器系统来达成这些具体的战术目标。战术条令主要是空军战术、技术和程序。美军要求,战略级和战役级条令所强调的任务必须贯穿在整个战术条令之中。

2015年开始,美国空军核心条令缩减为3卷,即基本条令、领导力、指挥,有关作战和支援内容整合到其他相关条令中。2016年11月22日,美国空军形成由3卷核心条令、29个附件和5个战术技术程序库组成的条令数据库，即现行的条令体系。

4. 陆战队条令

海军陆战队条令是海军陆战队实施作战与训练的法规和指导性文件。陆战队的纲领性条令为1号出版物MCDP 1《作战纲要》。该条令为其他陆战队条令提供理论基础和指导。在《作战纲要》之下，陆战队条令按职能领域划分为6个系列：MCDP 1-0系列为作战理论，纲领性条令为MCDP 1-0《陆战队作战行动》；MCDP 2-0系列为情报，纲领性条令为MCDP 2-0《情报》；MCDP 3-0系列为作战，纲领性条令为MCDP 3-0《远征作战》；MCDP 4-0系列条令为后勤，纲领性条令为MCDP 4-0《后勤》；MCDP 5-0系列条令为计划，纲领性条令为MCDP 5-0《计划》；MCDP 6-0系列条令为指挥与控制，纲领性条令为MCDP 6-0《指挥与控制》。

从层次上看，陆战队条令分为战略级、战役级和战术级3个层次。战略级条令为陆战队1号条令MCDP 1《作战纲要》。战役级条令包括各职能领域系列条令的纲领性条令，即MCDP 1-0、MCDP 2-0、MCDP 3-0、MCDP 4-0、MCDP 5-0和MCDP 6-0。战术级条令包括战役级条令下属的所有其他陆战队条令，即支撑性作战条令和战术、技术与程序。

5. 海岸警卫队条令

海岸警卫队作战条令结构简单，数量较少，主要包括《美国海岸警卫队》条令及一系列行动手册。

1.1.3 兵种条令

兵种条令一般由兵种司令部下属的管理部门整体负责本兵种条令的编写、修订工作。下面以美国陆军特种作战条令为例，加以说明。美国陆军特种作战司令部下属的特种作战卓越中心是特种作战条令的管理部门，整体负责特种作战条令的编写、修订工作，具体由特种作战卓越中心训练与条令局下属的"联合和陆军条令一体化"处负责编写，编写过程中特种作战卓越中心与"陆军训练和条令司令部"下属的10个卓越中心密切协作，以确保陆军特种作战条令与整个陆军作战条令保持一致。

2019年，美军对作战条令进行了新一轮优化调整，现行陆军特种作战条令共10本，分为3个层次。第一层是陆军条令出版物ADP 3-05《陆军特种作战纲要》，主要介绍陆军特种作战的概念、战略背景、核心能力、作战原则和核心行动，概略介绍陆军特种作战的指挥控制结构、火力、情报体系、作战保障、防护行动和陆军特种部队的运用等内容，是陆军特种作战的战略理论；第二层是野战条令 FM 3-05《陆军特种部队》，主要介绍陆军特种部队的构成、核心任务、指挥控制结构、通信系统、情报保障和后勤保障等内容，用于指导特种部队的作战行动；第三层是技术出版物，共 8 本，主要是对陆军特种作战重要作战行动样式和主要作战要素的详细描述，是战略理论在战术层面的具体运用，对单兵行动具有指导意义。

1.2　美军作战条令编修机制

美军重视作战条令的编修，将其作为依法治军的一个重要环节进行统筹和管理，设置了专门的组织机构，确立了规范的编修程序和组织方式，并根据变化情况对不同的作战条令进行及时更新。

1.2.1　组织机构

美军在条令编修过程中，形成了分工明确、合理高效的组织机构及管理机制，对确保美军条令滚动创新、有序发展起到了重要作用。美军参联会主席、军种参谋长在编修条令中具有举足轻重的地位。参联会主席负有指导全军联合条令开发的责任，军种参谋长负有指导本军种条令开发的责任。此外，他们还负责组织编写和审批战略级联合出版物（JP 1《美国武装部队条令》，美军联合参谋部颁布）或军种条令。这些条令是美军纲要性联合与军种条令，对于其下属条令具有指导与规范作用。

1. 联合作战条令组织机构

美军有两个负责编写联合条令的机构：一个是参联会下辖的作战计划与联合部队发展部，下设独立的联合条令、教育和训练处，负责制定联合条令的政策、程序、质量管理、审批、发布等；另一个是联合部队司令部下辖的联合作战中心，下设联合条令处，主要负责组织编写联合条令、对联合条令编写单位进行协调、在演习中推广运用条令、对现行联合出版物进行评估等。

2. 陆军作战条令组织机构

陆军训练与条令司令部是美国陆军的条令领导机构，下辖合成部队中心、未来中心和合成部队支援司令部 3 个条令编写机构。合成部队中心是陆军所有条令的倡议和发起者，未来中心主管制定陆军条令的政策，合成部队支援司令部为制定条令提供技术支持。

3. 陆战队和海军作战条令组织机构

陆战队战斗发展司令部和海军海战发展司令部分别是陆战队和海军条令

的领导机构，主要负责陆战队和海军战役与战术级条令的组织、编写、审批、评估、管理等，并代表陆战队和海军管理、审批和评估合同、联合和联军（多国）条令。

4. 空军作战条令组织机构

空军柯蒂斯·李梅条令中心是空军条令的领导机构，负责管理所有的空军条令，并具体组织编写、评估、审查和管理空军的战役和战术级条令。主要负责集中管理空中、太空和信息条令，制定战役与战术条令，为美国空军教材收集演习和作战中的经验教训，参与研究未来作战概念等。

美军主要采用"统一政策、分散实施"的方法，对条令制定工作进行管理。"统一政策"是指按照联合与军种条令领导机构协商达成的基本原则和标准制定联合与军种条令。"分散实施"是指联合与军种条令领导机构在统一政策的指导下，分头组织实施各自条令的制定和管理工作。美军联合与军种条令机构向各自的上级机构，即联合参谋部或军种司令部负责，相互之间只有合作关系，没有隶属关系。为了搞好条令的制定和管理工作，美军还在相关院校开设了相关课程，对条令制定人员进行培训。

1.2.2 条令编修

美军作战条令编修的实施流程主要包括提出议案、条令立项、编写初稿、批准颁发和评估审查5个阶段。

1. 提出议案

一般情况下，编写或修订联合条令的议案由较高级别的单位或领导提出，而编修军种条令的议案则可由任何单位或个人提出。联合条令编修议案，通常由各军种、联合作战司令部或联合参谋部，就某个或某些方面的作战问题提出。尔后，作战计划与联合部队发展部依据议案与各军种和联合作战司令部进行需求论证。最后，作战计划与联合部队发展部根据论证结果，确定需要编修的条令并下达计划指示。

军种条令编修议案，通常由各军种通过评估现有条令提出。评估时，重点把握政策变化、战后报告、训练演习结果、从作战行动中汲取的教训、对现行条令的反馈信息等环节。评估后，负责人将从全面修订（重新编写）、紧急修订、编写过渡条令3种情况中选取一种组织实施。

2. 条令立项

该阶段主要有机关审查、制订项目计划和勤务行政准备3项工作。联合条令立项过程中，在确定需编修的条令之后，作战计划与联合部队发展部通常要与各军种司令部和联合作战司令部进行磋商，制订该项目的研究计划。作战计划与联合部队发展部向撰写初稿的负责人下达项目指示。条令负责人可能是某个军种领导人，也可能是联合作战司令部司令或联合参谋部主任。

军种条令立项过程中，在确定需编修的条令后，着手制订立项计划。军种立项主要包括5个方面工作：确定编修条令的负责单位或个人；由负责人确定编修条令所需的人员、装备、时间和资金，并研究各方面的材料和数据以制定项目指示；负责人起草项目指示的初稿；负责人按照程序处理项目指示初稿；由相应的机关批准该项目指示。

3. 编写初稿

编写初稿是制定条令的主要内容。这一过程主要包括确定组成人员、调查研究情况、研究需求、撰写初稿、分发并广泛听取意见、修改初稿、审批和定稿，关键在于撰写初稿和分发并广泛听取意见两个环节。在撰写初稿阶段，编写人员可以根据需要到训练中心或部队就某些内容进行试验，甚至演习；在分发并广泛听取意见阶段，编写组将通过网络或其他方式在保密规定许可的范围内，充分听取各方意见。

联合条令的编写阶段。条令负责人在受领任务后，要挑选人员组成条令编写组，进行必要的调查研究和试验性训练。编写组要拿出多份初稿，并就每份初稿与联合作战司令部、各军种和联合参谋部进行商讨。为了更好地听取各方面对初稿的意见和建议，修改各种可能的错误，参联会制定了"标准化意见表"发布在网站上，以收集各方面对初稿的意见。综合吸收各种意见是编写初稿过程中的重要环节。这样，所有联合出版物才能保证自身体系统一，并与军种条令协调一致。

军种条令的编写阶段。军种条令编写阶段，虽然各军种的做法略有不同，但基本程序和思路是一致的，通常分为5个步骤。

第一步，确定编写组撰写人员。负责人在确定编写组的人员时，要充分考虑人员构成的综合性，如陆军条令编写组通常应包括本条令领域的专家、编辑人员、相关技术专家、综合概念组、签约人和监督人。

第二步，准备与编写条令相关的勤务保障工作，通常包括分配所需的资金、分配和协调临时职责、获取并安排编写条令所需的自动化设备、电子存储和分发设备等。

第三步，调查研究和研究材料，包括组织工作组和综合概念组会议、分配临时职责、分析各方面相关数据、需要时调整内容和框架结构等。

第四步，初稿撰写。初稿可以由编写组集体起草，必要时也可由个人撰写。

第五步，呈批初稿的整理和编辑。在确定呈批初稿后，条令负责人组织编辑人员、技术人员等对初稿进行整理和编辑，准备上送审批。

4. 批准颁发

批准颁发阶段的主要工作是将形成的条令编修初稿送审，并颁发执行。

联合条令审批。联合参谋部接到条令编写负责人提交的初稿后，对初稿做出必要的修改，并与各军种和联合作战司令部再次进行讨论。最后，联合参谋部通过相关的程序，经过参联会主席审批、签发，形成正式条令下发执行。

军种条令审批。条令负责机构接到初稿后，经过相关程序，将初稿送交军种最高军职领导或相关机构审批签发。

5. 评估审查

评估审查，是美军条令整个循环周期中的重要环节。它不仅能够监督条令的执行情况，而且能够及时跟踪条令的适用性和有效性。条令的评估审查工作可以由机关实施，也可以由条令倡议者实施。如果发现条令的全部或部分不再适用和不再有效，就需要制定新条令、编写临时条令或对条令进行修订。

联合条令的评估和审查阶段。作战计划与联合部队发展部部长要求，联合作战司令部在接到联合条令后，即开始在使用过程中对其进行评估；条令下发18~24个月后，联合作战司令部和军种司令部就条令的效用和质量，提交修改意见书面报告。

军种条令的评估和审查阶段。在军种条令的执行过程中，各军种都有相应的机构（如"陆军联合训练中心""海军课程中心"等）对其效果进行评估。同时，使用部队也将向条令编写或条令倡议机构提供有关使用情况。条令编写或条令倡议机构将根据这些反馈信息，对条令进行评估，决定是否修订或重新编写该条令。

1.2.3 紧急修订

紧急修订是指由于出现意外情况，需要对条令进行快速更新。紧急修订的主要内容包括：采用能够减少士兵伤亡、装备损耗和附带损伤的新措施，或对已有的措施进行改进；对体制编制做临时调整，通常情况下这种调整在当时意义重大，但适用范围有限；改进多国行动中至关重要的兼容协议，等等。一般来说，紧急修订仅限于战术、技术与程序相关内容。紧急更新的研讨过程只有30天，整个修订过程通常在3~6个月内完成。

1.3 美国陆军野战炮兵条令体系历史演进及其核心条令迭代发展

多年以来，美国陆军一直重视结合作战思想的演进、体制编制的改革、武器装备的更新、作战实践的推动、作战对手的变化，对炮兵作战条令适时进行迭代发展，形成了结构较为科学、内容较为严谨、特色较为鲜明的野战炮兵条令体系，以期为火力支援与野战炮兵作战运用提供更好的指导和规范。

1.3.1 美国陆军野战炮兵条令体系历史演进

1953 年，以 FM 6-20《野战炮兵战术与技术》为代表的美国陆军野战炮兵第一代条令问世，对美国陆军野战炮兵部队及作战运用、装备及作战使用、具体作战行动的战术、技术和作业程序进行指导和规范。1977 年，FM 6-20《合成军队作战火力支援》的颁布，开创了美国陆军野战炮兵火力支援条令的先河。自此，火力支援条令一直作为美国陆军野战炮兵的核心条令，对其他技术条令起统领、指导和规范作用。从条令编号、名称及其具体组成来看，美国陆军野战炮兵条令体系的发展变化主要经历了 3 个历史时期。

1. FM 6 系列美国陆军野战炮兵条令体系

2011 年以前，根据美国陆军规定，美国陆军野战炮兵条令一直统一编号为 FM 6 系列。例如，其核心条令标号为 FM 6-20，其技术条令在不同历史时期数量不尽相同，最多时主要有 FM 6 系列约 22 本（表 1-1）。

2. FM 3 系列美国陆军野战炮兵条令体系

21 世纪初，为了与联合出版物编号体系相一致，美国陆军对已经延续多年的条令出版物编号进行调整，陆军野战炮兵条令编号由 FM 6 系列调整为 FM 3 系列。2011 年 11 月，美国陆军火力支援条令 FM 3-09《火力支援》颁发，进而指导、规范了系列野战炮兵技术条令的迭代更新，形成了以 FM 3-09《火力支援》为核心、以 25 本技术条令为基础的美国陆军野战炮兵条令体系（表 1-2）。

3. ADP/ADRP 3-09、FM 3-09、ATP 3-09 系列美国陆军野战炮兵条令体系

2011 年 6 月，时任美国陆军参谋长雷蒙德·T·奥迪尔诺批准实施"2015 年条令战略"，以便在 2015 年年底完成对陆军所有现行条令的重新修订

及整合，形成ADP系列条令出版物、ADRP系列条令参考出版物、FM系列野战条令、ATP系列技术条令共同组成的美国陆军条令体系。基于此，美国陆军野战炮兵大力推进条令编修，形成了以ADP/ADRP 3-09《火力》为顶层、以FM 3-09《野战炮兵作战与火力支援》为核心、以17本ATP 3系列技术条令为基础的新的美国陆军野战炮兵条令体系（表1-3）。

表1-1　FM 6系列美国陆军野战炮兵条令体系

条令类型	条令标号及名称	小计
核心条令	FM 6-20《合成军队作战火力支援》/《空地一体作战火力支援》	1
技术条令	FM 6-2《野战炮兵测地的战术、技术和作业程序》	22
	FM 6-6-121《野战炮兵目标侦察的战术、技术和作业程序》	
	FM 6-20-1《野战炮兵营的战术、技术和作业程序》	
	FM 6-20-2《军、师炮兵和野战炮兵旅作战的战术、技术和作业程序》	
	FM 6-30《观察射击的战术、技术和作业程序》	
	FM 6-20-4《旅作战火力支援的战术、技术和作业程序》	
	FM 6-20-40《重型旅作战火力支援的战术、技术和作业程序》	
	FM 6-20-50《轻型旅作战火力支援的战术、技术和作业程序》	
	FM 6-71《机动作战指挥官火力支援的战术、技术和作业程序》	
	FM 6-20-20《营特遣队及其以下分队作战火力支援的战术、技术和作业程序》	
	FM 6-50《野战炮兵身管炮兵连的战术、技术和作业程序》	
	FM 6-60《多管火箭炮系统操作的战术、技术和作业程序》	
	FM 6-70《M109A6"帕拉丁"榴弹炮的战术、技术和作业程序》	
	FM 6-20-30《师作战火力支援的战术、技术和作业程序》	
	FM 6-20-60《军作战火力支援的战术、技术和作业程序》	
	FM 6-20-10《确定目标的战术、技术和作业程序》	
	FM 6-15《野战炮兵气象战术、技术和作业程序》	
	FM 6-16《野战炮兵气象信息（电子）》	
	FM 6-16.1《野战炮兵气象信息（声波测距）》	

续表

条令类型	条令标号及名称	小计
技术条令	FM 6-16.2《野战炮兵气象信息（目视）》	22
	FM 6-16.3《野战炮兵气象信息（电子与目视）》	
	FM 6-300《陆军历书》	
合计		23

表1-2　FM 3系列美国陆军野战炮兵条令体系

条令类型	条令标号及名称	小计
核心条令	FM 3-09《火力支援》	1
技术条令	FM 3-09.02《野战炮兵测地的战术、技术和作业程序》	25
	FM 3-09.12《野战炮兵目标侦察的战术、技术和作业程序》	
	FM 3-100-13《战场协调分遣队》	
	FM 3-100-13.1《战场协调分遣队的战术、技术和作业程序》	
	FM 3-09.21《野战炮兵营的战术、技术和作业程序》	
	FM 3-09.22《军、师炮兵和野战炮兵旅作战的战术、技术和作业程序》	
	FM 3-09.30《观察射击的战术、技术和作业程序》	
	FM 3-09.32《联合火力：多军种火力联合运用的战术、技术和作业程序》	
	FM 3-09.4《旅作战火力支援的战术、技术和作业程序》	
	FM 3-09.41《重型旅作战火力支援的战术、技术和作业程序》	
	FM 3-09.42《轻型旅作战火力支援的战术、技术和作业程序》	
	FM 3-09.31《机动作战指挥官火力支援的战术、技术和作业程序》	
	FM 3-09.03《营特遣队及以下分队作战火力支援的战术、技术和作业程序》	
	FM 3-09.50《野战炮兵身管炮兵连的战术、技术和作业程序》	
	FM 3-09.60《多管火箭炮系统操作的战术、技术和作业程序》	
	FM 3-09.70《M109A6"帕拉丁"榴弹炮的战术、技术和作业程序》	
	FM 3-09.5《师作战火力支援的战术、技术和作业程序》	
	FM 3-09.6《军作战火力支援的战术、技术和作业程序》	

续表

条令类型	条令标号及名称	小计
技术条令	FM 3-60《确定目标的战术、技术和作业程序》	25
	FM 3-09.15《野战炮兵气象战术、技术和作业程序》	
	FM 3-09.16《野战炮兵气象信息（电子）》	
	FM 3-09.17《野战炮兵气象信息（声波测距）》	
	FM 3-09.18《野战炮兵气象信息（目视）》	
	FM 3-09.19《野战炮兵气象信息（电子与目视）》	
	FM 3-09.03《陆军历书》	
合计		26

表1-3 ADP/ADRP 3-09、FM 3-09、ATP 3-09系列美国陆军野战炮兵条令体系

条令类型	条令标号及名称	小计
顶层条令	ADP 3-09《火力》	2
	ADRP 3-09《火力》	
核心条令	FM 3-09《野战炮兵作战与火力支援》	1
技术条令	ATP 3-09.2《野战炮兵测地》	17
	ATP 3-09.12《野战炮兵目标侦察》	
	ATP 3-09.13《战场协调分遣队》	
	ATP 3-09.23《野战炮兵身管炮兵营》	
	ATP 3-09.24《火力旅》	
	ATP 3-09.30《观察火力规程》	
	ATP 3-09.32《联合火力：多军种火力联合运用的战术、技术和作业程序》	
	ATP 3-09.36《联合火力观察员》	
	ATP 3-09.42《旅战斗队火力支援》	
	ATP 3-09.43《营火力支援》	
	ATP 3-09.44《连火力支援》	
	ATP 3-09.50《野战炮兵身管炮兵连》	

续表

条令类型	条令标号及名称	小计
技术条令	ATP 3-09.60《多管火箭炮系统与"海马斯"高机动性火箭炮系统》	17
	ATP 3-09.70《"帕拉丁"作战行动》	
	ATP 3-09.90《军和师的火力支援》	
	ATP 3-60《目标处理》	
	ATP 3-09.3《陆军历书》	
合计		20

1.3.2 美国陆军野战炮兵核心条令迭代发展

1977年9月，美国陆军野战炮兵核心条令FM 6-20《合成军队作战火力支援》颁布以来，一般5年左右更新一次（1988年版FM 6-20《空地一体作战火力支援》一直沿用23年，直至2011年更新为FM 3-09《火力支援》，属于特殊情况）。

1. 服务合成军队作战的野战炮兵条令——FM 6-20《合成军队作战火力支援》（1977年版）

1977年9月，美国陆军部颁布FM 6-20《合成军队作战火力支援》，这是美国陆军第一本专题规范合成军队作战火力支援问题的条令。与此前其他版本的野战炮兵条令不同，该条令不是由野战炮兵人员编写并仅供野战炮兵部队使用，而是由机动作战部队和火力支援部队人员共同编写、供美国陆军所有人员使用、内容更为广泛的火力支援条令，是美国陆军野战部队和军队院校中关于火力支援计划制订和协调工作的权威参考，是美国陆军有关火力支援训练的基本教材，对于奠定美军野战炮兵火力支援"总导演"的地位起到了重要作用。

1977年版FM 6-20《合成军队作战火力支援》以美军1976年7月版FM 100-5《作战纲要》（该条令是美国陆军其他野战条令的总纲，是指导美国陆军及其军事院校教学的基础和作战、训练、研究工作的指南，是其他陆军条令迭代更新的理论依据。纲要明确指出，美军的作战对象主要是苏联军队和其他华沙条约组织国家军队；作战地区主要为中欧，重点是联邦德国地区；实施积极防御战略；强调"以空间换时间，以时间换敌消耗，实施前沿一线防御，谨慎进攻"；没有空军，陆军无法打赢陆战，诸军兵种联合行动才能取胜等等）为依据，以指导并规范合成军队指挥官和野战炮兵部队指挥官

"如何战斗"为指向,阐述了火力支援系统是如何形成火力突击能力的,阐述了如何运用正确的作战原则、战术、技术和方法,并把它们完全与机动作战计划结合在一起,以便显著地提高合成军队战斗力。对于合成军队指挥官,条令主要强调下述几点:什么是火力支援系统?什么是火力支援系统能做的和不能做的工作?如何通过机动作战能力同火力支援计划制订和协调工作有机地结合来形成最大的战斗力?如何有效地将野战炮兵指挥官、火力支援军官和火力支援小组长作为火力支援协调军官来使用?等等;对于野战炮兵指挥官,条令主要强调下述几点:如何把迫击炮、野战炮兵、近距离空中支援飞机和舰炮所提供的火力与合成军队的作战行动紧密地结合起来?如何以远距离的灵活而又反应迅速的火力去保障战斗部队指挥官作战计划的完成?如何使火力支援系统获得最佳的效果?等等。

1977年版FM 6-20《合成军队作战火力支援》包括前言、正文以及附录3个部分。前言部分,条令鲜明提出,"构成战斗力的两个基本因素是机动作战能力和火力突击能力",即"战斗力=机动作战能力+火力突击能力",首次对火力的地位作用给予了充分的肯定。同时强调,所有可供指挥官使用的直瞄和间瞄武器都可以提供火力突击能力,但绝大部分火力突击能力是由间瞄武器和近距离空中支援飞机来提供的;富有经验的合成部队指挥官和野战炮兵指挥官(即火力支援协调军官)应同时把火力支援系统、直瞄火力和机动作战能力纳入作战计划之中;合成部队指挥官负责把所有的火力和机动作战能力有机地结合在一起,而火力支援协调军官则是合成部队指挥官在有机地结合和恰当地使用全部火力支援手段方面的主要助手;他们之间的紧密合作将能形成可供使用的最强大的战斗力。

1977年版FM 6-20《合成军队作战火力支援》正文包括8章。第一章主要概述战场的特点以及火力支援系统能为合成部队提供的支援问题;第二章主要论述当与数量上占优势的敌人作战时,美军对火力支援所提出的具体要求;第三章主要论述火力支援系统的编成及其在合成军队作战中的使用问题;第四章主要论述在进攻作战计划和实施过程中,机动作战部队指挥官与野战炮兵指挥官及其参谋人员之间的紧密联系;第五章主要论述防御作战的概念和基本原则,研究了如何使火力支援与整个防御作战紧密结合的问题;第六章主要论述使用核武器和化学武器情况下的火力支援问题;第七章主要论述火力支援计划和协调人员的训练问题;第八章主要阐述火力支援未来发展问题。

1977年版FM 6-20《合成军队作战火力支援》包括13个附录。附录A阐述目标搜索有关内容;附录B概述野战炮兵系统;附录C阐述迫击炮支援有关内容；附录 D 阐述近距空中支援有关内容；附录 E 阐述海军舰炮火力支援有关内容；附录 F 阐述其他火力支援有关内容；附录 G 介绍了火力支援/射击指挥设施、资源与职责；附录 H 列出火力支援术语与技术、辅助工具等；附录 I 介绍火力支援计划与协调有关问题；附录 J 介绍特种作战火力支援问题；附录 K 对典型核目标进行了分析；附录 L 列举了相关词汇；附录 M 给出了相关的标准化协定。

与 1973 年版 FM 6-20《野战炮兵战术与技术》相比，1977 年版 FM 6-20《合成军队作战火力支援》正文从 12 章减少到 8 章，附录从 20 个减少到 13 个。条令论述重点从规范战斗编组、指挥控制、机动部署、支援行动、目标情报、弹药勤务、通信保障等野战炮兵作战运用问题，转变为规范合成军队作战火力支援系统、攻防作战中机动作战部队指挥官与野战炮兵指挥官及其参谋人员之间的结合、火力支援计划和协调等问题，大幅度增加了对合成军队作战火力支援问题的论述，减少了对野战炮兵作战运用问题的讨论。

2. 体现空地一体作战思想的野战炮兵条令——FM 6-20《合成军队作战火力支援》(1983 年版)

1983 年 1 月，美国陆军部颁布新版 FM 6-20《合成军队作战火力支援》，用以取代 1977 年版 FM 6-20《合成军队作战火力支援》。该条令由机动作战部队人员和火力支援部队人员共同编写，是主要为美军（包括陆军、空军、海军和海军陆战队）指挥官及其参谋人员使用的一份内容全面的火力支援手册，是计划和协调火力支援的唯一参考书，是陆军进行火力支援训练的主要教材。

1983 年版 FM 6-20《合成军队作战火力支援》以 1982 年 8 月版 FM 100-5《作战纲要》(是美军 1976 年 7 月版 FM 100-5《作战纲要》的更新版本。该条令摒弃了上一代条令中的"积极防御"思想，创造性提出以"非线性作战、全纵深攻击、决定性机动"为核心的"空地一体作战"理论，强调在前沿防御的同时，运用多种力量对苏联及其盟军的纵深梯队实施打击，将准备和实施战争的活动划分为战略、战役和战术三级，并在美军历史上首次提出了战役法理论，初步建立了美军战役体系) 为依据，将 FM 100-5《作战纲要》提出的空地一体作战、全纵深攻击思想贯彻到火力支援条令中，论述了合成军队空地一体作战的火力支援问题。对于机动作战部队指挥官，条令主要强调下述几点：什么是火力支援系统？火力支援系统能干什么、不能干什么？如何通过统一筹划与实施机动及火力支援而产生最大战斗力？如何有效地将野战炮兵指挥官、火力支援军官和火力支援小组长用作火力支援协调员？如何通过加大战场纵深来为机动提供方便？等等；对于野战炮兵指挥官，条令主要强调下述几点：如何协助将火力支援纳入作战计划？如何以反应迅速而灵活的远距离火力支援机动作战部队指挥官实施作战计划？如何计划和协调纵深遮断火力去支援指挥官实施机动计划？如何使火力支援系统获得最佳效果？等等。

1983 年版 FM 6-20《合成军队作战火力支援》同样包括了前言、正文以及附录 3 个部分。前言部分，条令在 1977 年版 FM 6-20 提出"战斗力 = 机动作战能力 + 火力突击能力"的基础上，进一步拓展为"战斗力 = 机动作战能力 + 火力突击能力 + 防护 + 指挥"，体现了美军对于战斗力的理解更加完善与科学。此外，还强调了下述几点：火力支援是指综合运用迫击炮、野战火炮、空中支援和舰炮火力去支援战斗计划付诸实践的行动；遮断是与近距离支援及反火力袭击同等重要的火力支援任务；纵深攻击不是可有可无，而是制胜所必须；机动作战部队指挥官对于所有火力与机动的结合负有最大责任；火力支援协调员是机动作战部队指挥官的主要助手，协助其协调和运用所有的支援火力。

1983 年版 FM 6-20《合成军队作战火力支援》条令正文包括 7 章。第一章主要概述了空地一体作战火力支援问题；第二章主要概述了作战对手的有关情况；第三章主要论述了火力支援计划协调问题；第四章主要论述了进攻行动中的火力支援问题；第五章主要论述了防御行动中的火力支援问题；第六章主要论述了核武器和化学武器作战中的火力支援问题；第七章主要概述了火力支援武器装备和训练器材的最新发展问题。

1983 年版 FM 6-20《合成军队作战火力支援》条令包括 15 个附录。附录 A 为参考资料；附录 B 为目标搜索；附录 C 为野战炮兵系统；附录 D 为迫击炮系统；附录 E 为空中支援；附录 F 为舰炮火力支援；附录 G 为其他火力支援；附录 H 为野战炮兵投射可散布地雷；附录 I 为"铜斑蛇"制导炮弹；附录 J 为火力支援术语、方法、工具和文件；附录 K 为火力支援的计划与协调工作；附录 L 为特种作战火力支援；附录 M 为目标选择与目标分析；附录 N 为空中遮断；附录 O 为标准化程序。

与 1977 年版 FM 6-20《合成军队作战火力支援》相比，1983 年版 FM 6-20《合成军队作战火力支援》正文从 8 章减少到 7 章，附录从 13 个增加到 15 个。条令内容变化的重点：一是将合成军队作战火力支援置于空地一体作战大背景下进行研究；二是不再论述火力支援系统的编成及其在合成军队作战中的使用问题；三是将火力支援计划协调问题单独作为一章进行研究；四是将火力支援未来发展问题进行弱化，与火力支援武器装备和训练器材的训练内容合并进行讨论；五是附录部分，删除了旧版条令附录中"附录 G 火力支援/射击指挥设施、资源与职责""附录 K 典型核目标分析""附录 L 相关词汇表"等 3 个内容，增加了"附录 A 参考资料""附录 H 野战炮兵投射可散布地雷""附录 I'铜斑蛇'制导炮弹""附录 M 目标选择与目标分析""附录 N 空中遮断"等 5 个内容。

3. 聚焦空地一体作战思想的野战炮兵条令——FM 6-20《空地一体作战火力支援》（1988 年版）

1988 年 5 月，美国陆军部颁布新版 FM 6-20《空地一体作战火力支援》，用以取代 1983 年版 FM 6-20《合成军队作战火力支援》。该条令全面体现了空地一体战中火力支援基本原则、规范了空地一体战中火力支援的程序与方法。

1988 年版 FM 6-20《空地一体作战火力支援》条令以 1986 年 5 月版 FM 100-5《作战纲要》（是美军 1982 年 8 月版 FM 100-5《作战纲要》的更新版本。条令基于 1983 年格林纳达行动中暴露出的联合作战"联而不合"的问题，再次强调"空地一体作战"应基于陆军与其他军种的常态合作，从而试图将联合意识、联合思维、联合行动固化到陆军条令中。它反映了现代战争的机理、战斗力的发展变化以及为适应现代战场要求而对既往作战思想的创新。之所以称作"空地一体作战"，是尊重现代战争所固有的立体性质——一切大于最小战斗的地面作战行动，都将受到交战一方或双方支援性空中作战行动的影响）为基本依据，将野战炮兵描述为可供指挥官使用的主要火力支援手段，并要求野战炮兵将所有可用的火力支援纳入指挥官的作战计划。

1988 年版 FM 6-20《空地一体作战火力支援》同样包括了前言、正文以及附录 3 个部分。前言部分，条令主要强调了本出版物的目的、作用和使用对象等。

1988 年版 FM 6-20《空地一体作战火力支援》条令正文包括 3 章。第一章火力支援基础，主要对火力支援、火力支援系统、火力支援的本质、火力支援的基本任务、火力支援与作战原则、火力支援与空地一体作战、火力支援与威胁、火力支援的灵活性等问题进行了综述；第二章火力支援系统的组成，主要阐述了野战炮兵职责、军师旅营连各级火力支援机构及人员的职责、目标搜索和战场监视、火力支援资源等问题；第三章火力支援计划与协调，主要阐述了火力支援任务、火力支援计划、火力支援协调、火力支援情况判断等问题。

1988 年版 FM 6-20《空地一体作战火力支援》条令包括 2 个附录，分别是术语表和参考资料。

与 1983 年版 FM 6-20《合成军队作战火力支援》相比，1988 年版 FM 6-20

《空地一体作战火力支援》正文和附录的章节数量以及内容都大大减少，正文从7章减少到3章，附录从13个减少到2个。之所以如此，主要在于根据条令编修总体思路，前几版条令重点阐述的"进攻行动中的火力支援问题""防御行动中的火力支援问题""核武器和化学武器作战中的火力支援问题"等内容在本条令中不再表述，分别置于FM 6-20-60《军作战火力支援的战术、技术和作业程序》、FM 6-20-30《师作战火力支援的战术、技术和作业程序》、FM 6-20-40《重型旅作战火力支援的战术、技术和作业程序》、FM 6-20-50《轻型旅作战火力支援的战术、技术和作业程序》4本条令中分别进行论述。

4. 基于全频谱作战思想的野战炮兵条令——FM 3-09《火力支援》（2011年版）

2011年11月，美国陆军部在时隔23年后，对1988年版FM 6-20《空地一体作战火力支援》进行重新修订，以FM 3-09进行重新编号，以《火力支援》进行重新命名。2011年版FM 3-09《火力支援》是陆军火力支援的基石性条令，其目的是为美国陆军全频谱作战行动中火力支援的计划、准备、实施与评估提供指导。

2011年版FM 3-09《火力支援》以2008年2月版FM 3-0《作战纲要》（为了与美军联合出版物编号体系相一致，2001年以来，美国陆军将始于1905年的FM 100系列条令出版物编号调整为FM 3系列，陆军炮兵作战条令由FM 6系列大部分调整为FM 3-09系列。2008年版FM 3-0《作战纲要》，将"作战环境""作战连续体""全频谱作战概念""战斗力""指挥与控制""战役法""信息优势""战略与战役范围"8个内容并列成章，构成条令正文内容；将全频谱作战划分为进攻行动、防御行动、稳定行动、民事支援行动4种类型，并强调稳定行动与进攻行动、防御行动同等重要，甚至比攻防作战行动更为重要；将传统的"机动""火力""指挥""防护""信息"作战五要素加入"领导""情报""保障"，拓展为作战八要素，并进一步强调"领导""信息"两大战斗力要素的突出作用；将"预见""描述""指导"等3项作战指挥职责拓展为"了解""预见""描述""指导""领导""评估"6项作战指挥职责）为基本依据，明确了火力支援的原则，描述了火力作战职能的主要内容、职能以及必要的条件，描述了在作战过程中如何实施火力支援的问题，主要供在作战行动中必须运用火力支援手段的指挥官和参谋人员使用。

2011年版FM 3-09《火力支援》内容包括了前言、正文、附录、词汇表和参考文献。前言部分，条令主要强调了本出版物的目的、内容、适用性和使用说明等。

2011年版FM 3-09《火力支援》条令正文包括3章。第一章火力支援基础，主要阐述了4个问题。一是对条令所运用的主要术语给出有关定义。其中，有些术语定义引自上位条令，以保证本条令与上位条令的一致性，如火力、联合火力、火力支援、联合火力支援等来源于JP 3-09《联合火力支援》；对于上位条令没有给出的术语，或者涵义发生变化的术语，则由本条令界定，如火力方案、火力支援军官等。二是论述合成部队火力支援运用问题，条令在援引上位条令ADP 3-0《统一陆上作战行动》对合成部队机动作战（指在打击敌人地面部队的统一作战行动中，对各种战斗力要素的运用；可以去夺取、占领和保卫某一地区；也可以实现对敌物理上、时间上和心理上的优势并保持、拓展这种主动权）和广域安全（指为保护人口、部队、基础设施及各种活动，在统一的作战行动中，对各种战斗力要素的运用；可以是拒止敌人有利位置；也可以是巩固既得利益保持主动权）等术语的基础上，明确了野战炮兵的定义及其任务（野战炮兵的任务就是投送火力、整合火力以及以多种能力来确保指挥官在统一陆上作战行动中控制作战环境）。三是讨论战斗力问题，指出了战斗力的8个要素：领导艺术、信息、任务指挥、运动与机动、情报、火力、持续保障、防护等，强调指挥官通过领导艺术和信息的累加影响使用其他6种战斗力要素。四是阐述火力作战职能及其与其他作战职能的关系，重点强调了火力的作战职能包括选定地面目标、探测和定位地面目标、提供火力支援、评估效能、控制空中与导弹的防御5个方面。五是强调了火力支援计划与实施必须贯彻的联合作战的十二大原则，即目标、进攻、集中、节约、机动、统一指挥、安全、突然、简明、坚定、合法、克制。

第二章火力支援系统，主要讨论了4个问题。一是火力支援的任务式指挥问题，主要论述遂行火力支援的单位、机构、人员及其职责。强调火力支援的任务式指挥就是对自动控制设备、通信设备的使用安排以及对其火力支援人员计划、准备、实施、评估火力支援关系或任务、工作的强化。其中，火力支援单位主要有火力旅和旅战斗队炮兵营（2004年，美国陆军启动部队编制模块化转型。野战炮兵部队按照两个层次编制。第一个层次是火力旅，主要承担战场造势和反火力任务；第二个层次是在旅战斗队属炮兵营，主要遂行近距离火力支援任务）；火力支援机构主要有部队野战炮兵司令部（如果一个野战炮兵司令部被所支援的部队指挥官指定为部队野战炮兵司令部，该司令部通常是该部队指挥下建制的、编配的、配属的或置于指挥官作战控制之下的高级野战炮兵司令部。被支援的部队指挥官明确部队野战炮兵司令部相应的职责，如果需要，其职责可以一直持续到战斗结束。这些职责是建立在任务变化基础上的，根据任务、敌情、地形和气象、部队及可得到的支援、可用时间和需考虑的民事事项等，在与所有的建制、编配、配属和其作战控制下的野战炮兵部队建立指挥关系上，可能包括从简单的顾问到专业的监督等）、陆军各级火力支援协调组、空军火力支援协调组、海军火力支援协调组等。火力支援人员主要有火力主管（火力主管是师或更高级别司令部里资深的建制野战炮兵军官，其职责是为指挥官提供火力支援资源最有效使用的建议，提供和下达必要的命令，完善并执行火力支援计划。这些职责应该全部由指挥官指定）、火力支援协调员（火力支援协调员是旅战斗队建制炮兵营的指挥官；如果一个火力旅配属到师野战炮兵司令部，该火力旅的指挥官是师的火力支援协调员，火力主管协助其工作，在部队野战炮兵司令部发挥其职能期间，火力主管会以火力支援协调员副官的身份工作）、旅火力支援军官（旅火力支援军官是野战炮兵资深参谋军官，负责所有火力计划与实施。旅火力支援军官的职责与火力主管的职责类似）等。二是侦察监视及目标捕获，主要论述火力支援的侦察监视及目标捕获问题。三是攻击资源，主要论述野战炮兵、迫击炮、海军水面火力支援、空中支援、赛博/电磁行动等问题。四是保障，主要论述保障旅、机动作战旅战斗队保障营以及火力旅、炮兵营的保障问题。

第三章火力支援与作战过程，主要规范了4个问题。一是火力支援计划，强调了火力支援计划的基本要素、基本原则、火力支援计划中应考虑的效果以及制定火力支援计划过程中指挥官的考虑事项等；二是火力支援准备，强调了火力支援计划的推演、核准等事项；三是火力支援实施，从进攻、防御、稳定行动、民事支援行动4个方面，强调了火力支援应考虑的主要因素；四是火力支援评估，强调了火力支援评估须考虑的主要因素。

2011年版FM 3-09《火力支援》条令包括2个附录。附录A火力支援协调和其他控制措施，主要阐述了许可性的火力支援协调措施、限制性的火力支援协调措施、火力支援分界线与调整线以及雷达和空域协调措施等内容；附录B指挥与支援关系，主要阐述了联合指挥关系、陆军指挥与支援关系、野战炮兵特混编组的原则、特混编组陆军野战炮兵时的注意事项、特混编组北约和美国海军陆战队的野战炮兵时的注意事项等问题。

条令最后是词汇表和参考文献。

与1988年版FM 6-20《空地一体作战火力支援》相比，2011年版FM 3-09《火力支援》正文部分都是3章，且第一章都是"火力支援基础"、第二章都是"火力支援系统"，但具体内容变化较大。原因在于，新版条令吸收了美军多年来作战与演习的实践经验，是一部时代性、指导性更强的火力支援法规，集中体现了美军最新的全频谱作战行动、统一陆上作战决定性作战行动有关思想。第三章则由原"火力支援计划与协调"调整为"火力支援与作战过程"。着重强调了在机动作战部队计划、准备、实施和评估中，全过程融入火力支援有关事项。另外，2011年版FM 3-09《火力支援》在附录部分增加了"火力支援协调和其他控制措施"和"指挥与支援关系"两个内容。

5. 响应"2015年条令战略"要求的野战炮兵条令——FM 3-09《野战炮兵作战与火力支援》（2014年版）

2011年6月，时任美国陆军参谋长雷蒙德·T·奥迪尔诺批准实施"2015年条令战略"，以便在2015年年底完成对陆军所有现行条令的修订，借助现代信息技术增强条令的协作性和有效性。为适应美国陆军"2015年条令战略"要求，美国陆军野战炮兵大力推进条令编修，积极吸收近年来作战实践的成果，及时调整内容紧跟军炮兵、师炮兵改革步伐，更加注重火力支援与协调，以确保野战炮兵在联合地面作战中火力支援计划、组织与协调的主导地位，以便为美军赢得未来联合地面作战火力支援决定性胜利奠定更加坚实的基础。

此前，美国陆军火力支援条令和野战炮兵作战条令都是单独成册的，无论是叫《合成军队作战火力支援》《空地一体作战火力支援》，还是直接称为《火力支援》，都是从战斗力要素角度或者作战职能角度，对火力支援的基本原则和方法进行规范；而野战炮兵作战的条令，则或区分为军炮兵、师炮兵、野战炮兵旅（火力旅）、营、连各级，或区分为身管火炮、多管火箭炮等装备，或区分为侦察、测地、气象等要素，分别进行阐述。而2014年4月4日的新版FM 3-09《野战炮兵作战与火力支援》条令，将野战炮兵作战与火力支援两个内容整合为一部条令，改变了美军延续几十年的传统。从特点上看，一方面，新版FM 3-09是美国陆军火力支援理论的重要组成部分，在美国陆军"2015年条令战略"体系中起到承上启下的作用。其上承ADP/ADRP 3-09《火力》，对下衍生出ATP 3系列野战炮兵作战和火力支援条令，与ADP/ADRP 3-09《火力》和ATP 3系列条令共同组成美国陆军火力支援的理论体系。另一方面，新版FM 3-09是美国陆军军、师、旅战斗队各级部队指挥官在联合地面作战中如何使用野战炮兵的指导性条令，是各级在野战炮兵的统筹协调下如何计划、准备、实施和评估火力支援的指导性条令。

2014年版FM 3-09《野战炮兵作战与火力支援》主要依据相关联合条令和陆军条令编写。一是相关JP（联合）条令。JP条令对各军种条令的编写发挥指导作用。美军要求，各军兵种条令的内容不能与JP的内容相悖。新版FM 3-09主要依据JP 3-0《联合作战纲要》、JP 3-09《联合火力支援》、JP 3-60《联合目标处理》等联合作战条令编写。二是相关ADP/ADRP（陆军)条令。ADP/ADRP 系列条令在美国陆军"2015 年条令战略"体系中，处于第一、第二层次，是美国陆军的基本作战理论。作为 ADP/ADRP 的下位条令，新版 FM 3-09 主要依据 ADP/ADRP 3-0《联合地面作战纲要》、ADP/ADRP 3-09《火力》、ADP/ADRP 5-0《作战过程》、ADP/ADRP 6-0《任务式指挥》等陆军作战条令编写。三是相关 FM（野战）条令。新版 FM 3-09 中的野战炮兵作战部分，是对野战炮兵传统野战条令的继承和发展。因此，该条令编写过程中，也将有关野战炮兵条令作为重要依据。主要包括 FM 3-09.21《野战炮兵营的战术、技术和作业程序》、FM 3-09.22《军、师炮兵和野战炮兵旅作战的战术、技术和作业程序》、FM 3-09.30《观察射击的战术、技术和作业程序》、FM 3-09.50《野战炮兵身管炮兵连的战术、技术和作业程序》、FM 3-09.12《野战炮兵目标侦察的战术、技术和作业程序》等。

2014 年版 FM 3-09《野战炮兵作战与火力支援》包括前言、简介、正文和词汇表 4 个部分。前言部分，主要介绍了条令的出版目的、适用范围、编写单位等。简介部分，主要介绍了条令的编写依据、主要参考、结构变化、内容变化等。

2014 年版 FM 3-09《野战炮兵作战与火力支援》正文部分主要分为 4 章。第一章野战炮兵作战，主要阐述了 5 个方面的问题。一是明确了野战炮兵的任务与职责。野战炮兵的任务是：用整合的火力摧毁、挫败和扰乱对方，协助机动部队指挥官控制联合地面作战；野战炮兵的职责是：根据诸如任务、敌情、地形、天候、可用的部队和支援、可用的时间和民事因素（简称 METT-TC，美军称为任务变量）等战术情况的不同，机动部队指挥官可以使用野战炮兵火力，对敌人的部队、战斗职能和设施达成欺骗、击败、迟滞、摧毁、袭扰、牵制、压制、抑制等不同的火力效果。二是强调了野战炮兵支援战术任务的注意事项。条令从野战炮兵支援进攻行动、防御行动、稳定行动、民事支援行动和塑造性行动 5 个方面分别进行了介绍。三是阐述了野战炮兵的战斗编组及指挥与支援关系。美军野战炮兵的战斗编组，就是为满足特定任务的需要而向下属指挥官分配可用的力量，并建立指挥与支援关系。其中，指挥关系包括建制、指派（也称编配或编内）、配属、作战控制、战术控制 5 种；支援关系包括直接支援、全般支援、火力加强、全般支援兼火力加强 4 种。四是简述了野战炮兵的编制装备，对野战炮兵旅以及装甲旅战斗队属野战炮兵营、斯特赖克旅战斗队属野战炮兵营、步兵旅战斗队属野战炮兵营的编制装备进行了简要介绍。五是指出了野战炮兵运用应考虑的主要问题，主要描述了对精确火力的要求以及射击指挥、反火力、战术转移与配置、生存能力与安全以及有关保障等问题。

第二章火力支援，主要阐述了 5 个问题。一是提出了联合地面作战火力支援的能力需求，包括运用陆军多种间瞄火力的能力、为达成预期效果而提供相应火力的能力，以及识别、定位、目标选择、威胁判断力、整合陆军、联合和多国部队的能力、火力分配的能力。二是规范了各级火力支援协调机构及其职责。对联合部队陆军以及军、师、旅、营、连各级火力支援协调机构的职责进行了详细规范。三是规范了各级火力支援协调人员及其职责。内容涵盖各级机动作战指挥官、火力支援协调官、火力支援军官、火力主任、火力支援军士、火力支援专业人员（火力专家）、观察员等。四是阐述了火力支援中的侦察监视和目标侦察力量手段。强调美军的侦察监视力量主要包括直接用于搜集情报信息的人力、自动化传感器和装备，以及信息处理、利用和分发系统；用于目标侦察的传感器和侦察力量主要包括火力支援分队、前方观察员、特种作战分队、侦察分队和非专业的观察员、军事情报连、野战炮兵营目标侦察连、航空旅和攻击侦察中队的有人驾驶和无人驾驶飞机等。五是简述了火力支援打击力量，包括野战炮兵、迫击炮、空中支援、海军水面火力支援，以及目标处理过程中需要集成和协调的网络和电磁活动等。

第三章火力支援与作战过程，主要明确了 4 个问题。一是描述了野战炮兵的火力支援计划，包括计划、协调和目标工作 3 项主要任务。火力支援计划是分析、配置和计划火力的持续过程，该过程描述了如何使用火力进而为机动部队创造条件，涉及任务分配、野战炮兵部队配置、确定需攻击目标类型、确定获取和跟踪目标的资源、分配火力支援资源攻击不同的已确定目标，以及建立目标摧毁标准；火力支援协调是不间断地调整火力支援计划并管理可用的火力支援资源，其目的是确保在准确的时间和地点运用正确的攻击手段打击正确的目标，进而支援机动作战；目标工作是选择目标、确定打击目标优先顺序、为目标匹配合适的打击系统、考虑作战需求和能力的过程，是火力支援计划、协调的中心工作。目标工作的决策、探测、打击和评估职能贯穿作战过程（计划、准备、实施、评估）的始终。二是简述了火力支援准备主要工作事项。强调火力支援准备开始于部署之前，在计划过程中持续，并贯穿于整个作战过程。三是简述了火力支援实施主要工作事项，特别强调了进攻作战、防御作战、稳定行动、民事支援行动火力支援的注意事项。四是简述了火力支援评估主要工作事项，简要阐述了火力运行过程评估的方法以及需要考虑的因素。

第四章火力支援协调与其他控制措施，简要阐述了美军进行火力支援协调的措施和方法，阐述了分界线、调整线以及火力支援中其他需要重点考虑的问题，阐述了目标侦察控制与空域控制的具体措施。

与 2011 年版 FM 3-09《火力支援》相对比，2014 年版 FM 3-09《野战炮兵作战与火力支援》的主要变化体现在 5 个方面。一是基本任务有所调整。此前，FM 3-09 的任务是阐述火力支援的战术、技术和作业程序。本次编修，FM 3-09 的任务则调整为阐述野战炮兵作战以及火力支援的战术和作业程序。目的在于为军、师、旅各级部队在联合地面作战中如何使用野战炮兵提供指南，为在野战炮兵的统筹协调下如何计划、准备、实施和评估火力支援提供指导。而对于火力支援的技术部分，则是放在相关的技术条令中进行讨论。二是不再阐述"美国陆军基本理论"的内容。火力战斗职能、火力战斗职能与其他战斗职能的关系，以及遵循联合作战原则实施火力支援等都属于"美国陆军基本理论"的内容。这些内容 2011 年版 FM 3-09 中在第 1 章阐述，而 2014 年版 FM 3-09 不再阐述这些内容，改为在 ADRP 3-09《火力》阐述。三是设置专章集中阐述野战炮兵作战。2014 年版 FM 3-09 改变了 1977 年以来 FM 3-09（2001 年以前编号为 FM 6-20）的结构布局，设置专章（即第一章）集中论述野战炮兵作战，并直接以"野战炮兵作战"为章名。这样做的目的在于：突出野战炮兵作战的地位作用；使得野战炮兵人员更易于集中系统地掌握野战炮兵作战的战术和作业程序；廓清了"野战炮兵作战"和"火力支援"两个主题，使其在不同的章节紧扣各自的内涵与外延进行更加详细的讨论，便于 FM 3-09 条令真正成为野战炮兵作战和火力支援训练的可操作性指南。四是将 2011 年版 FM 3-09《火力支援》条令中"附录 A 火力支援协调和其他控制措施""附录 B 指挥与支援关系"的内容分别置于 2014 年版 FM 3-09《野战炮兵作战与火力支援》第四章"火力支援协调与其他控制措施"和第一章"野战炮兵作战"中进行阐述，除词汇表外，不再设置附录内容。五是对术语进行调整。其中，新增的术语主要有"野战炮兵旅""炮火准备""反炮火准备""歼灭""迟滞""压制""抑制""压制火力""抑制火力"等；修订的术语包括"目标情报区""呼唤火力区""清除火力""共用方格坐标""共用探测边界"等；废止的术语主要有"火力旅"。

第 2 章
美国陆军启动新版野战炮兵条令体系编修的时代动因

在世界新军事革命激情澎湃的浪潮中,美国陆军也无例外地正在受到新环境、新理论、新技术的冲击与洗礼。只有站在人类社会文明进步的潮头、美国面临的国际国内战略困境看新版野战炮兵条令体系编修的时代动因,才能认清其历史发展脉络,科学把握其蕴含的炮兵乃至陆军未来转型的本质。

2.1 作战理论牵引

为构建绝对安全的战略环境,美军着眼世界与地区安全形势的发展变化,创新提出了一大批作战理论,期望这些作战理论能对美国国家安全和军队建设起到重要的牵引作用。

2.1.1 美军作战理论提出的战略背景

多年来美国凭借"东西有大洋,南北无强邻"的地理条件及前沿防御战略,确保了自身的安全和霸权政策的实施,但"9·11"事件彻底摧毁了美国的安全观。美国国防战略委员会认为,一些大国正在运用"反介入/区域拒止"战略阻止美国及其盟友对他们"侵略行为"的干预,美军必须在战略抉择中做出某些重大改变。

一是在战略对手上,强调与大国的竞争已经成为美国首要挑战。2018年《美国国防战略》提出,"与大国的长期战略竞争将是国防部第一优先任务……因为其对美国安全和繁荣造成全方位的威胁,在未来这一威胁还将继续上升"。2018年《美国国家军事战略》认为,"大国竞争的重现是诸多安全趋势中最特殊的一个,与大国的竞争是美联合部队面临的最困难挑战"。大国的崛起和美国实力的相对衰落,使美国感受到调整军事战略的急迫性,美国

2020年加快了从反恐战场撤军步伐，更加聚焦"大国竞争"。

二是在战略基点上，重视大规模常规战争而不是反恐战争。当今国际体系正在发生广泛而深刻的变化，以美国为首的西方发达国家陷入发展困境，整体实力相对衰落的趋势已难以扭转，控制世界的能力和意愿都在下降。非西方国家则保持了较好的发展势头，新兴市场国家和发展中大国力量明显上升。在各种不可控因素的影响下，未来战争的规模及持续时间可能大大超出双方一开始的作战意愿。美国认为，虽然世界依然笼罩在核阴影下，反恐行动也一定会长期存在，但美国应该在尽量避免与核大国之间正面冲突的前提下，首选展开大规模常规战略竞争这一途径，通过赢得大规模常规战略竞争来确保美国在国际体系中的地位。

三是在战略方法上，聚焦众多颠覆性技术带来的战争形态的变化。美国认为，随着众多颠覆性技术的涌现，未来战争形态将面临新一轮巨变，如人工智能技术将推动战争向着无人化、智能化方向发展；5G通信大幅提升数据传输速率，促进无人作战平台的应用，孕育蜂群战术等；运用量子技术可以打破现有的加密技术、可更容易探测到静音核潜艇、可不依赖GPS进行精确导航，这将深刻改变未来战争形态。众多颠覆性技术具有的战略重要性甚至可以和核武器相比拟。美国认为，目前其在颠覆性技术领域正面临其他国家尤其是均势对手的巨大挑战，甚至部分技术已经被对手超越。

2.1.2　美军作战理论蕴含的核心要义

为了应对美国面临的安全困境，积极适应战争形态变化，近十几年来，美军加速创新作战理论，诸如"全球一体化作战""联合作战介入""分布式作战""多域作战"等。拨开美军这些作战理论的华丽外衣，不难发现其核心要义体现在以下几个方面。

一是多方聚合、整体联动，跨域增效成为美军发挥体系作战优势的基本途径。美军提出了"跨域增效"的思想，强调利用"在某一特定领域的非对称优势，在其他领域产生积极效应和潜在联动效应"，确保各领域作战力量和能力的无缝、互补运用。这将大幅提高美军联合作战效能，推动联合作战向跨域作战深度演进发展。具体表现为：在联合的范围上，要求从军种力量的联合，向各部队作战能力、作战行动的联合拓展；从军事力量的联合，向军事与非军事力量的联合拓展；从美军自身的联合，向美军与任务伙伴的联合拓展。在联合的层级上，由战役级的军种组成部队向战术分队，甚至是单个作战平台拓展。在联合的程度上，要求从过去的一体化联合，转变为天然的内聚式联合，要求实现各种力量、各类能力、各项行动的无缝链接。由此，美军未来联合作战将以跨域增效为突出特征，进入一个新的发展阶段。跨域作战将成为美军未来进行战争的基本作战形态。

二是精确打击、精确作战，精确运用作战力量成为美军的核心作战理念。美军认为，随着数字技术的快速发展、新型移动通信设备的大量涌现、网络社交媒介的全面普及和广泛运用，未来作战环境将呈现出日趋透明的典型特征。从某种意义上讲，未来实施的各种作战行动在很大程度上都将在聚光灯下进行。在这样的环境下采取行动，各国民众及国际社会的态度将对作战进程与结局构成极大的制约。即使是一个极其细小的失误或极低限度的误伤，也可能会导致行动的失败，给美国的国际声誉造成恶劣影响。为此，美军要求，应特别注重力量运用的精确性，以期最大限度地减少非预期后果，为维持美国的全球领导地位提供有效支撑。美军特别指出，精确运用作战力量，不仅是指火力的使用，也包括信息、心理、力量等因素的有机统一和协调运用，要求在机动、突击和信息作战中也应遵守同样的原则。

三是拓展领域、提升能力，新型作战力量成为美军遂行任务的重要作战手段。随着新式武器装备的大量涌现，现代战争所涉及的作战领域正在由传统的地面、海上、空中向太空和网络空间拓展，由有形空间向包括心理、电磁和网络在内的无形虚拟空间拓展，无形制有形、无形胜有形成为未来战争的突出特征，特别强调以无形空间的胜利瞰制有形空间的战局。着眼战争形态发展变化的这一崭新特点，美军正在大力发展网络空间作战、太空作战、特种作战、一体化导弹防御、全球即时打击等新质作战能力，并力争实现多种力量、多种能力、多种样式的跨域联合。

四是按需编组、灵活用兵，"小部队打大仗"成为美军作战的基本形式。美军特别要求，应逐渐摒弃大规模集中兵力的传统模式，基于特定环境、特定任务或特定威胁采取灵活的编组方式，以"小而精、小而全、小而强"的联合特遣部队遂行各类作战任务。近年来，随着美军情报获取能力、远距离兵力投送能力、战场指挥与控制能力以及部队独立作战能力的提升，不仅仅是特种作战部队经常以小编组遂行作战行动，美军执行常规作战任务的力量编成与编组也在向小型化方向发展。

五是分散部署、广域机动，网络化分布式作战成为美军作战的基本方式。美军强调采取网络化分布式作战的方式，将分散部署于不同作战方向、不同作战领域、不同空间位置的力量实体，实时组合，科学编配，共同发力。分散部署、广域机动、动态协调、集中释能，成为显著特征，即：依托先进的网络化信息系统，将分散部署在广阔空间、各个领域的作战力量和手段联结为一个有机的整体，通过采取广域机动、动态协调的方式，实现各部队作战效能的有效集中，以实现联合作战整体效能的统一释放。

2.2 智能技术推动

2018年版《美国国防战略》提出：“大数据分析、人工智能、机器人、定向能、高超声速和生物等技术已成为确保美军打赢未来战争的关键。”美国认为，由于大国对手长期加大技术投入，军事崛起持续加快，美军与大国对手之间的技术优势遭到严重侵蚀。一个最显著的特征是美军与大国对手在主战装备领域不再保有代差优势，这对美国来说是前所未有的战略性态势变化。更令美国措手不及的是，大国对手甚至在一些关键性技术领域如5G、高超声速武器、电磁技术等对美实现了技术反超。有鉴于此，美军参联会发布《联合作战环境2035》报告称，美国极为关注未来战场环境可能发生的变化，技术的扩散使美国的军事优势面临不确定性，美军应加强对军事技术和装备发展的投资。

2.2.1 政策应对

早在2016年10月，美国时任总统奥巴马在白宫前沿峰会上发布报告《国家人工智能研究和发展战略计划》，提出了美国优先发展的人工智能七大战略方向和两方面建议。12月20日，白宫又跟进发布了一份关于人工智能的报告——《人工智能、自动化与经济》，作为对发展战略计划的补充和延续，该报告认为下一届政府应该制定相关政策，推动人工智能发展并释放企业和工人的创造潜力，确保美国在人工智能技术创新和应用中的领导地位。

2017年12月18日，美国时任总统特朗普签署新的年度《国家安全战略》，首次呼吁美国在颠覆性技术领域的发明和创新方面要发挥并保持领导地位，并在2018年的《国防战略》中，表示要广泛投资基于AI的军事应用和机器学习技术。2018年5月10日，美国白宫举办了一场"美国工业人工智能峰会"，并发布了《2018美国白宫人工智能科技峰会总结报告》，讨论了人工智能产业的发展前景，确保美国在人工智能时代全球领先地位的相关政策。这是特朗普上台以来在人工智能方面的重大举措，释放了美国人工智能发展方面的重要政策信号。2018年7月，白宫管理预算办公室和科技政策办公室发布《2020财年政府研究与开发预算优先事项》备忘录，将人工智能技术列为优先发展项目。2018年9月，美国众议院发布了《机器崛起：人工智能及对美国政策不断增长的影响》白皮书，总结了关于人工智能监督和听证会的经验教训，分析了在人工智能应用方面所面临的失业、隐私、偏见和恶意使用4个方面的挑战，并提出了针对性的前瞻建议。

美国国防部回应白宫关切，2018年3月，就在总统签署《美国人工智能倡议》行政令之后的第2天，国防部就发布了《2018年国防部人工智能战略总结》。同时，国防高级研究计划局（DARPA）也表示人工智能是第三次抵消战略的中心技术。

2018年5月，美国陆军发布《机器人与自主系统战略》，这是美国陆军第一份关于机器人与自主系统长远发展的战略性文件。文件详细描述了陆军如何将机器人与自主系统集成到未来部队，使其成为陆军武器装备体系的重要组成部分；确立了机器人与自主系统未来发展的五个能力目标，明确了机器人与自主系统在近期、中期和远期的优先发展事项与投资重点。此后，美国发布了促进智能技术在军事领域应用的一系列发展规划：2018年6月美国陆军发布《美国陆军发展战略2028》，2019年美国陆军发布《美国陆军现代化战略》，2020年美国陆军发布《小型无人机系统（SUAS）战略》……2023年美国陆军发布《信任人工智能：将人工智能融入陆军专业知识》，2024年美国陆军发布《生成式人工智能试点计划》。

可以看出，从美国白宫到国防部、从参联会到陆军，始终关注以智能技术为代表的新技术发展，在政策层面持续助力打造现代化武器装备，聚力美军新域新质战斗力生成。

2.2.2 实践探索

美国陆军2017年10月提出了推动多域作战能力建设的重大举措——实施"六大项目群"的研发：远程精确火力、下一代战车、未来垂直起降飞行器、机动通信指挥网络、一体化防空反导、士兵杀伤力。2018年8月，美国陆军专门成立未来司令部，以协调、管理和推动"六大项目群"的研发。2019年3月，美国陆军将"六大项目群"和2个支撑性项目群具体细化为31项研发项目。到2022年年初，"6+2"项目群的具体研发项目从31项调整扩展为"31+4"项，其中24项到2023财年底已作为现役系统或样机交付使用。"六大项目群"与炮兵作战直接相关的有2个。

一是远程精确火力。美国陆军将远程精确火力视为首要现代化优先事项，通过提供远程和纵深打击能力，在射程、杀伤力、机动能力、火力精度和目标截获等方面，确保美国陆军拥有占据优势地位的平台、弹药和部队。该项目目前包括增程火炮、精确打击导弹、远程高超声速武器、陆基中程导弹4个子项目。

增程火炮项目——由现役 M109 A7 自行榴弹炮配用新型 155 毫米 58 倍口径身管和自动装弹机改进而来，基于不同弹药的最大射程为 70~130 千米，最大射速 10 发/分，计划作为师级火力于 2023 财年开始列装（由于技术原因，目前处于停滞状态）。

精确打击导弹项目——仍使用现役"海马斯"火箭炮发射的初始型精确打击导弹，最大射程 550 千米，计划于 2025 财年具备初始作战能力，计划研发的增程型精确打击导弹射程达 1000 千米。

远程高超声速武器项目——根据设计，每个高超声速武器连编配 1 辆指挥车和 4 辆发射车，每辆发射车携载 2 部发射器，每部装填 1 枚高超声速导弹，最大射程 2775 千米。

陆基中程导弹项目——"战斧"巡航导弹射程 500~1800 千米，主要打击地面目标，"标准"-6 多用途导弹最大射程 370 千米，最大射高 25 千米，主要用于防空，也可打击海上/地面目标。

二是机动通信指挥网络。机动通信指挥网络项目旨在开发一个基于硬件、软件和基础设施的集成系统，具有良好的机动性、可靠性、用户友好性，信号特征小、可远程部署，且能在电磁频谱拒止或降级环境中有效使用。该项目包括统一网络、通用操作环境、互操作性、指挥所机动性/生存能力 4 个子项目。其中统一网络最为重要的子项目是研发一体化战术网"能力集"，包括"能力集 21""能力集 23""能力集 25""能力集 27"，以期到 2028 财年实现陆军现役网络的现代化。"能力集 21"到 2022 年 9 月已成功部署到 9 个步兵旅战斗队。美国陆军已于 2022 年 4 月完成对计划装备"斯特赖克"旅战斗队的"能力集 23"的关键设计评审，认为"能力集 23"具备技术成熟性、作战相关性和高效费比，随后将装备驻欧美国陆军部队进行作战演示。按照美军计划，2025 年年底前将完成多域特遣队"机动通信指挥网络"项目的实验验证。

2.3 战场重心位移

时任美国陆军指挥与参谋学院院长迈克尔·D·伦迪中将在 2017 年 10 月为 FM 3-0《作战纲要》所做的序言中指出，当前作战环境给陆军和联合部队带来的威胁，无论从能力还是从规模上，都远高于伊拉克和阿富汗战场。由于长期以来联合部队一直聚焦反暴乱和反恐怖作战，陆军作战能力被极大削弱。陆军和联合部队必须改变，必须做好在对抗激烈、致命性极高的环境中实施大规模战斗行动的准备，必须在空中、地面、海洋、太空和网络空间等多种作战域中获得行动自主权。

2.3.1 反恐作战转向均势作战

随着从阿富汗撤军结束反恐战争，美国开始专心应对大国竞争，谋求打赢与高端对手的战争。美国陆军提出"多域作战"概念，正是为满足此战略需求。其认为，高端对手在竞争和武装冲突阶段通过分层对峙，割裂美国与盟国、美军与盟军之间的联系，对美构成严重威胁。在竞争阶段，高端对手以"混合战争"方式刻意模糊平战界限，实施"灰色地带行动"，并以非传统手段展开军事行动，既实现战略目标，又未构成传统意义上的"战争"。在武装冲突阶段，高端对手通过太空战、网络战、电子战和信息战等方式扩大对抗领域，其"反介入/区域拒止"能力对美军的战场机动能力和生存能力构成严重威胁。

2.3.2 陆域作战转向全域作战

"域"是美军专业术语。美军 2000 年版《联合构想 2020》首次使用"域"一词，2012 年发布的《联合作战拱顶石概念（3.0）》首次用"网络空间"取代信息域，初步确立了"陆、海、空、天、网"的"五域"架构。不难看出，美军作战域分别与陆军、海军、海军陆战队、空军、太空军和网络司令部对应，而电磁频谱和信息环境是各军种共同作战域。按照美国国防部设计，美国陆军的作战域除了传统"陆域"以外，还应该向海、空、天、网四大作战领域拓展能力，扩大责任范围，以实现美军同步跨域火力控制和全域机动。

2.4 上位条令指导

作为美军条令体系的重要组成部分，美国陆军野战炮兵条令必须在上位条令的指导下，贯彻落实系列美国陆军作战条令的核心思想，随着相关陆军作战条令的发展而发展。2019 年 7 月颁布的美国陆军条令出版物 ADP 1-01《条令入门》的引言中强调："自从 2015 年和 2018 年国家防务战略颁布以来，转型使陆军更加注重大规模作战的战备，以应对均势威胁。该战略在很大程度上受到了过去 20 年中作战的影响。2017 年版 FM 3-0《作战纲要》随后推动了所有作战职能部门对条令的修订，以确保条令充分强调大规模地面作战行动和多域作战未来概念等要素……"。与此相呼应，2020 年版 FM 3-09《火力支援与野战炮兵作战》在简介中也强调，FM 3-09 的原始文件是 2017 年版 FM 3-0《作战纲要》，主要依据是 2019 年版 ADP 1-01《条令入门》和 ADP 3-0《作战》。

2.4.1　2017 年版 FM 3–0《作战纲要》

2017 年 10 月，美国陆军颁布的新版 FM 3–0《作战纲要》首次提出了陆军部队在联合部队编成内，协同其他统一行动伙伴实施大规模地面作战的方法。条令提出"对手研究了美军在过去 30 年的部署方法以及实施作战行动的方法。为抵消美军在空中、地面、海洋、太空和网络空间等域的优势，有些对手已改编、实现现代化并形成了能力。俄罗斯、中国、伊朗、朝鲜取得的军事进步，最为清晰地展现了这种正在变化的威胁。"为此，FM 3–0《作战纲要》强调，美国陆军的人员编配、武器配备和训练，虽然必须着眼在各种军事行动中遂行任务，但针对均势威胁实施大规模地面作战，才代表了最重要的战备要求。

2.4.2　2019 年版 ADP 1–01《条令入门》

2019 年 7 月，美国陆军颁布了新版 ADP 1–01《条令入门》，用以指导陆军专业人员（包括陆军官兵和文职人员）塑造其职业艺术性、科学性的专业知识和信念的理解；阐述条令的概念、重要性和基本理论；讨论最重要的条令分类方法和术语，以及二者结合成连贯整体的方法。

ADP 1–01《条令入门》在其引言中强调，条令是动态变化的，是从当前作战和训练中吸取经验教训，以适应敌之变化以及部队结构、技术和社会价值观的变化。本出版物提供了解陆军条令及其变化所需的基本信息，阐释条令结构多样化的原因及条令间的组合，是专业人员学习专业知识的指南……，作为修订工作的一部分，陆军决定将陆军条令出版物与相关陆军条令参考出版物整合以减少冗余，并酌情继续修订野战条令和陆军技术出版物。通过修订使条令适应近期作战环境，确保陆军条令在战争和军事行动范围内符合陆军部队作战需求。陆军领导者和官兵必须理解陆军条令的概念、目的、结构和重要性。

2.4.3　2019 年版 ADP 3–0《作战》

2019 年 7 月，美国陆军颁布了新版 ADP 3–0《作战》，以取代 2017 年 10 月出版的 ADP 3–0/ADRP 3–0《作战》。该出版物作为陆军条令的核心，主要用于指导陆军部队如何实施联合作战，为陆军如何在统一地面行动中实施快速和持续作战确立了原则，为陆军所有专业人员在统一地面行动中实施作战提供指导。该出版物描述了陆军作为统一行动及联合部队的一部分，如何运用陆军作战理论进行作战；阐明了统一地面作战理论，是指导陆军部队作战的纲领性文件，涵盖统一地面作战、作战原则和条令等内容，为解决多域作战和跨域持续竞争的军事行动中存在的问题，提供通用参考文件；阐述了陆军如何在多域实施快速和持续作战，陆军统一地面作战理论和作战的不确定性，为下层条令详细地制定其他作战原则、战术技术与程序奠定基础。

第 3 章
新版美国陆军野战炮兵条令体系及其主要条令解读

以 2019 年 7 月美国陆军颁布新版条令出版物 ADP 3-19《火力》为标志，美军开始了新一轮野战炮兵条令编修。截至 2024 年 7 月，新版美国陆军野战炮兵条令，以 ADP 3-19《火力》为顶层、以 FM 3-09《火力支援与野战炮兵作战》为核心、以 18 本 ATP/TC 系列技术条令（其中，ATP 3-09.12《目标搜索》、ATP 3-09.24《野战炮兵旅》、ATP 3-09.32《联合火力》、ATP 3-09.34《杀伤区计划和使用》、ATP 3-09.60《多管火箭炮系统和高机动性系统作战》、ATP 3-60.1《动态目标工作》、TC 3-09.8《火力支援与野战炮兵资格认证和评定》等 7 本条令已经基于新版 ADP 3-19《火力》和 FM 3-09《火力支援与野战炮兵作战》，于 2024 年 7 月底前更新颁布）为基础，构成了顶层条令—核心条令—技术条令的完整体系，如图 3-1 所示。

本书主要解读 ADP 3-19《火力》、FM 3-09《火力支援与野战炮兵作战》、ATP 3-09.24《野战炮兵旅》3 本主要条令的内容。

3.1 顶层条令——2019 年版 ADP 3-19《火力》

2019 年 7 月，美国陆军颁布了由火力卓越中心编撰的新版条令出版物 ADP 3-19《火力》，以取代 2012 年 8 月出版的 ADP 3-09《火力》和 ADRP 3-09《火力》两本条令。作为美国陆军野战炮兵顶层条令的 ADP 3-19《火力》，主要定义和描述了火力作战职能（即在军事行动的所有领域内，通过整合陆军、联合部队和多国部队火力，在全域环境中对目标造成杀伤性或非杀伤性效果的过程）的任务、能力，以及在目标工作（即选择目标、确定打击目标优先顺序、为目标匹配合适的打击系统、考虑作战需求和能力的过程）和作战过程（包括计划、准备、实施和持续对作战行动进行评估）中火力与相关效果（包括领导、信息、指挥、控制、运动与机动、情报、保障、防护

第3章 新版美国陆军野战炮兵条令体系及其主要条令解读

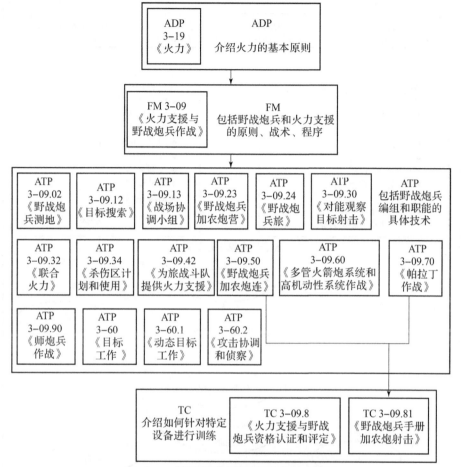

图 3-1 新版美国陆军野战炮兵条令体系

等其他战斗力要素）的整合问题，为陆军在统一地面行动（包括进攻、防御、稳定和民事支援等行动）中整合火力确立了原则，为指挥官和参谋人员在统一地面行动中的火力运用提供了参考。新版 ADP 3-19《火力》正文内容包括 3 章。ADP 3-19《火力》主要内容逻辑架构如图 3-2 所示。

3.1.1 火力介绍

本章主要阐述了在统一地面行动中的火力运用情况，具体内容包括火力作战职能、作战环境、统一地面行动中的火力 3 个方面。

1. 火力作战职能

条令援引 ADP 3-0《作战》的定义，强调"火力作战职能是在军事行动的所有领域内，通过整合陆军、联合部队和多国部队火力，在全域环境中对

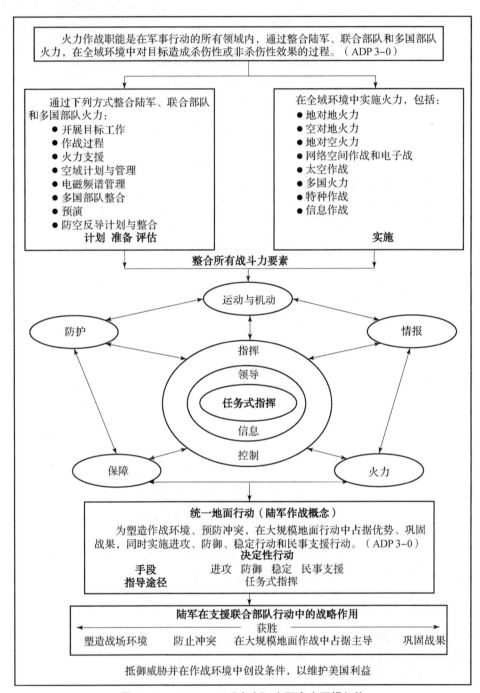

图 3-2 ADP 3-19《火力》主要内容逻辑架构

目标造成杀伤性或非杀伤性效果的过程"。条令强调,火力作战职能的主要任务包括开展目标工作、作战过程、火力支援、空域计划与管理、电磁频谱管理、多国部队整合、预演、防空反导计划与整合等。而这里所说的火力,既包括了地对地火力、空对地火力、地对空火力、多国火力,也包括了太空作战、特种作战、信息作战、网络空间作战和电子战。

2. 作战环境

条令援引 JP 3-0《联合作战纲要》的定义,强调"作战环境是各种情形、状况以及会影响能力运用和指挥官决策等条件的集合"。并指出,指挥官在作战行动中通过火力行动塑造作战环境,预防冲突或为消除冲突创设条件。所谓预防冲突,就是通过运用火力改变对手风险预期,从而威慑对手制造冲突的行动。如果未能有效预防冲突,指挥官继续运用火力塑造作战环境,防止冲突进一步恶化,并支援大规模作战行动以及巩固战果。条令强调,陆军在陆地、空中、海洋、太空和网络空间(包括电磁频谱)以及信息环境的所有领域内开展作战行动,地面火力与其他领域火力打击效果相结合,可以使敌陷入两难境地,削弱敌有效反应的能力。

3. 统一地面行动中的火力

美军认为,统一地面行动包括进攻、防御、稳定和民事支援等行动,其目的是通过运用地面力量实现联合部队指挥官的预期目标。统一地面行动期间,陆军通过4种行动支援联合部队。一是塑造行动火力支援。陆军开展的塑造行动包括长期军事接触、安全合作、威慑任务与行动,保障盟友关系、建立己方能力以及促进地区稳定。这些行动可以帮助抵制敌方,确保国家或地区的稳定,保护美方利益。二是防止冲突行动火力支援。即运用火力防护和守卫常驻地的居民、基础设施和己方部队。指挥官在作战过程中整合非杀伤性能力,达成威慑的目的。在战役和战略层面,军事行动所达成的效果需要与外交、信息和经济等方面相同步。三是大规模地面作战行动火力支援。大规模作战行动主要包括进攻和防御作战,有时还有稳定行动。指挥官对目标进行选择、排序并整合杀伤性和非杀伤性效果,来支援大规模作战行动。四是巩固战果行动火力支援。"巩固战果行动是指延续短暂性胜利并为稳定环境创设条件,促进控制权有效移交至合法机构的一系列活动"。巩固战果行动通常紧跟大规模作战行动后展开,并在大规模作战行动结束后持续进行。此时,火力支援行动要注意避免给平民造成重大损失。

3.1.2 跨域火力实施

本章阐述了指挥官在全域环境中实施火力的任务,主要讨论了地对地火力、空对地火力、地对空火力、网络空间作战和电子战、太空作战、特种作战和信息作战等。

1. 地对地火力

地对地火力主要包括身管火炮、多管火箭炮、战术导弹系统以及迫击炮火力。其中,身管火炮火力通常是在作战地域最易获得的支援火力,能够开展反火力、遮断和压制敌防空力量等行动;多管火箭炮火力可以增加身管火炮火力的打击效果,能够在短时间内针对高回报目标投射大量弹药,主要用来针对敌防空炮兵、轻装甲和人员等目标实施打击;战术导弹系统的杀伤子母弹主要针对软目标,高爆弹主要针对固定设施,具备高精确度、全天候以及远程射击和快速反应等特点;迫击炮主要实施即时、快速和间瞄火力射击,以支援机动连或营作战行动。

2. 空对地火力

空对地火力包括固定翼飞机、旋翼飞机和无人机系统等,主要进行杀伤性和非杀伤性打击,实施目标侦察和打击效果评估等。其中,固定翼飞机具有灵活度高、射程远、速度快、杀伤性强以及精度高的特点;旋翼飞机运用武器类型多样,可遂行打击、侦察和末端制导等任务;无人机系统可以遂行近距离支援作战、空中遮断以及其他联合火力任务。

3. 地对空火力

地对空火力具备中高空防御和近程防空能力。其中,中高空防御装备主要包括"爱国者"导弹、末端高空区域反导系统以及 AN/TPY–2 前置雷达系统。近程防空装备主要包括"复仇者""毒刺"、警戒雷达等。通常来说,近程防空在师和旅作战地域部署,"爱国者"和末端高空区域反导系统在师、军和战区级地域发挥作用。

4. 网络空间作战和电子战

网络空间作战是对计算机网络能力的运用,其主要目的是在网络空间达成作战目的。电子战是运用电磁能、定向能或反雷达武器系统,攻击敌方人员、设施和装备进而削弱、压制或摧毁敌战斗力,也是火力的一种形式。

5. 太空作战

陆军太空作战能力贯穿整合于所有作战职能中,具体包括定位、导航和授时,卫星通信,图像显示等。例如,全球定位系统能保障精确制导弹药投射、提供近实时态势感知,从而发挥杀伤性和非杀伤性火力打击效果。

6. 特种作战

特种作战部队具有执行多样化任务能力,可以独立完成多种杀伤性和非杀伤性任务，或参与联合、陆军和其他军种的行动中。特种作战部队建立的联合火力分队可以充当各级指挥官间的火力协调纽带，负责计划联合火力、开展目标工作等。

7. 信息作战

信息作战是在军事行动期间整合运用信息相关能力，与其他作战行动配合，从而影响、干扰、瓦解和摧毁作战对手和潜在对手的决策制定过程，并保护己方部队不受干扰。信息作战行动主要包括军事欺骗、网络空间电磁活动、信息支援作战、特殊技术作战、太空作战等。

3.1.3 整合陆军、多国和联合火力

本章主要阐述了指挥官和参谋人员同步作战力量的过程，着重论述在计划、准备、实施和持续对作战行动进行评估的作战过程中，通过高效的任务式指挥，整合指挥、领导、信息、控制、运动与机动、情报、火力、防护、保障等战斗力要素，进而达成进攻、防御、稳定行动或民事支援行动的预期效果。

1. 作战过程中的火力

条令强调，指挥官和参谋人员计划实施火力的主要工作有3项。一是火力计划整合。火力计划整合一般自上而下进行。上级部队在计划整合时，需要预估下属部队对于火力资产的需求，并尽可能地为下属部队司令部请求和分配火力资产。下属部队指挥官和参谋人员则尽量根据已知可用资产开展计划工作，而不依赖于待申请的火力资产，以免出现不被批准的情况。二是火力准备。火力准备工作通常开始于计划阶段，包括信息收集、部队部署、地形管理和持续保障准备等，这些活动在作战命令下达至下属部队后持续进行。准备工作还包括预演，以确保在实施作战行动前理解一致，同步作战行动。三是火力评估。火力评估需要对预期性能指标和效能指标做出评测。性能指标可以评估己方部队的任务完成情况。比如可以提出这样的问题："打击的目标是否符合预先设定的目标选择标准，是否根据攻击指示表来进行？"效能指标用以评估与最终态势完成度、目标完成度及预期效果程度有关的系统活动、能力及作战环境的变化。具体的问题可以是："敌方防空指挥控制系统的削弱，是否让空中组成部队在预期时间段内实现了机动自由？"与两项指标相关的信息需纳入部队信息收集计划中。

2. 目标工作

美军强调，"目标工作是选择目标、确定打击目标优先顺序、为目标匹配合适的打击系统、考虑作战需求和能力的过程"。目标工作能促进火力与其他

作战职能要素（指挥、领导、信息、控制、运动与机动、情报、防护、保障）的整合与同步。火力中心通过目标工作向指挥官提出目标打击建议，并针对特定目标及系统，协调、整合和分配联合、跨机构和多国火力。机动作战部队根据组织层级选择合适的目标工作流程，实现火力的整合与同步，在时间和空间上达成预期效果。其中，陆军目标工作程序方法D3A（决策、侦察、打击和评估），帮助指挥官和参谋人员判断所必须捕获和打击的目标，并列出可选方案。

3. 防空反导计划与整合

条令从计划、准备、实施、评估4个阶段进行了阐述。一是计划阶段。主要基于预估的空中和导弹威胁、空中和地面资产传感器覆盖范围、航拍照片信息共享以及网络要求等方面，来实现对目标打击的支援与协调。这些事项贯穿于联合作战的所有阶段，并随着作战的深入或战术环境的改变得以调整完善。指挥官为受保护的关键资产提供指示并对其进行优先排序，进而形成两种资产排序。其中，关键资产被定义为优先保护的资产，应通过隐蔽或防护免受空中和导弹威胁。受保护资产是需要利用可用资源进行保护的资产，从关键资产清单中按优先顺序进行确定。二是准备阶段。被指派进行关键资产防御的防空炮兵指挥官通过整合防御设计来抵御预期空中威胁的覆盖范围，开展防空反导行动。防御设计考虑事项包括空中威胁早期预警；对受影响部队采取防御措施；基于己方和敌方部队的作战地域空域态势感知，对敌侦察或攻击空中平台采取主动防御（截击）等。防空炮兵传感器和武器配置需要最大化监视、追踪和截击职能。在进行防御设计时，传感器要能够进行充分有效的监视和追踪，保护指定资产并防止出现覆盖范围间隙。传感器配置于能够在所有方向提供最远射程视距的地形。射击器的配置要能优化受保护资产的防御方式，形成杀伤性覆盖范围，尽可能充分运用防御范围地域投射火力。三是实施阶段。防空炮兵部队防空行动由陆军指挥官指挥，反导火力打击行动根据联合部队指挥官或授权方的指示进行。其指示一般阐述主动控制措施与程序控制措施。主动控制措施主要是结合电子化手段，对空中物体的主动识别、追踪与探测，并运用特定射控命令来实施，诸如"攻击"或"停火"。针对弹道导弹、巡航导弹和固定翼飞机的攻击决定，通常实施主动控制。程序控制措施包括已协商一致和已发布的命令和程序，主要有防空警报、交战规则、识别标准和武器控制状态。针对诸如无人机系统、固定翼飞机和火箭炮、身管火炮和迫击炮等近程、低空威胁的攻击决定，通常根据交战规则按程序进行实施。四是评估阶段。需要持续收集和评价所有己方和敌方部队的相关信息。评估贯穿于计划、准备和实施活动中，确保根据当下或变化的战场情况，及时采取合适的行动。防空炮兵指挥官和参谋人员评估计划与作战效果，必要时做出调整。例如，对受保护资产清单进行重新排序与改进，可能会对防空炮兵资源进行再次分配。

3.2 核心条令——2020年版 FM 3-09《火力支援与野战炮兵作战》

2020年4月30日，美国陆军部颁发了新版野战条令 FM 3-09《火力支援与野战炮兵作战》，用以取代2014年4月4日颁发的野战条令 FM 3-09《野战炮兵作战与火力支援》。2020年版 FM 3-09 是美国陆军为火力支援和野战炮兵作战推出的顶层设计手册，主要为陆军旅以上部队在大规模地面作战行动中的火力支援计划、准备、实施和持续对作战行动进行评估提供指导，为火力支援分队和野战炮兵部队在多域环境下统一地面行动中的大规模地面作战行动明确了行动原则和职能，为理解火力支援和野战炮兵在火力作战职能（即在军事行动的所有领域内，通过整合陆军、联合部队和多国部队火力，在全域环境中对目标造成杀伤性或非杀伤性效果的过程）任务中的关键作用奠定了基础，为炮兵部队确立了火力支援和野战炮兵的核心能力、职能、特征和原则，为美国陆军野战炮兵的作战运用提供指导，为编撰下级火力支援和野战炮兵作战条令，以及单兵和部队训练奠定了基础。新版 FM 3-09《火力支援与野战炮兵作战》主要内容逻辑架构如图3-3所示。

3.2.1 火力支援基础与野战炮兵的职责

条令指出，火力支援是快速连续整合地对地间瞄火力、目标搜索、武装飞机以及其他致命或非致命的攻击/投射系统，对多域目标实施打击，以支援机动部队指挥官作战构想的行动。

1. 火力支援与威胁

条令指出，过去30年里，战略竞争对手一直在研究美军，他们十分了解美军的作战方式，了解美军的优势。这些对手正在将人工智能、机器学习、纳米技术等新兴技术融入其军事理论和行动。这些对手期望通过提高这些能力，能够在陆、海、空、天、网等各个领域对抗美国，通过设立反介入/区域拒止范围对抗美国的作战方式。

美军最大的潜在威胁来自实力相当或近乎相当的军队。在大规模作战行动中，他们会通过反介入/区域拒止行动将美国与其盟友从时间、空间和职能上隔断，以便获胜。

统一地面行动 为塑造作战环境、预防冲突，在大规模地面行动中占据优势、巩固战果，同时实施进攻、防御、稳定行动和民事支援行动。（ADP 3-0）

战斗力要素 领导、信息、指挥、控制以及运动与机动、情报、火力、保障、防护。（ADP3-0）

火力支援和野战炮兵是火力作战职能整合与执行任务的关键组成部分……

火力支援 通过快速连续整合地对地间瞄火力、目标搜索武装飞机以及其他致命性或非致命性的攻击/投射系统，对多目标实施打击，以支援机动作战部队指挥官作战构想的行动。（FM 3-09）

机动作战部队指挥官主要的间瞄火力系统是野战炮兵……

野战炮兵的作用 用火炮、火箭和导弹抑制、压制和摧毁敌人，整合并同步作战行动中的所有火力支援资源。（FM 3-09）

核心能力 火力支援协调，投射间瞄火力。（FM 3-09）

作战行动过程

通过快速连续整合……

火力支援系统
——指挥与控制系统
——目标搜索系统
——攻击/投射系统

通过运用……

火力支援职能
——支援接敌部队
——支援作战构想
——同步和聚合各领域致命/非致命的火力支援
——维持并保护火力支援系统

指导原则

火力支援计划和协调原则
——尽早开始并持续进行计划
——确保目标信息持续流通
——考虑使用全部能力
——使用能提供有效支援的最低级分队
——提供己方部队申请类型的支援
——使用最有效的火力支援方法
——避免不必要的重复
——考虑空域协调
——提供充分的支援
——做好快速协调的准备
——灵活性
——使用火力支援协调措施

火力支援特点
——在战争法和既定交战规则范围内，尽可能发挥己方部队的杀伤力
——作战过程中保持进攻精神
——作战过程中保持整体意识

火力支援实施原则
——为参战部队提供充分的火力支援
——加强主要方向或决战行动
——随时为指挥官提供火力支援，以影响作战行动
——推动未来的作战行动
——将可能的集中控制最大化
——绝不可将炮兵留作预备队

目标工作 根据作战需求和能力对目标进行选择、区分、排序，并对其做出恰当反应的过程。（JP 3-0）

评估 对完成某一任务、创造某种效果或达成某一意图的进展的评定。（JP 3-0）

图3-3 FM 3-09《火力支援与野战炮兵作战》主要内容逻辑架构

美国及其盟友的火力支援资源可能在数量和种类上落后于其竞争对手。为了在大规模作战行动中击败这些对手，美军必须首先突破敌反介入/区域拒止系统，创造相对优势地位，保持主动性，防止敌军实施集中、持续的地面作战。要实现这些目标，美军必须均衡运用火力和机动，需要在作战地区的正面和纵深内协调和同步火力体系来攻击高回报目标。

2. 联合和统一地面行动中的火力支援

联合行动涉及5个领域：天空、陆地、海洋、太空和包括电磁频谱与信息环境在内的网络空间。当在这五个领域得到聚集时，火力支援的效果才能最大限度的发挥。

统一地面行动包括4项战略作用：塑造作战环境、预防冲突、赢得大规模战斗和巩固战果。统一地面行动要求将火力支援的范围提升至战役级别，这是自沙漠风暴和伊拉克自由行动之后就没有过的级别。

3. 野战炮兵的职责与核心能力

野战炮兵的职责是用火炮、火箭炮和导弹的火力压制、抑制，或消灭敌人，并在作战行动中整合协调所有的火力支援资源。野战炮兵有两项核心能力：一是火力支援协调，即为确保目标受到合适的某种武器或武器群的充分覆盖而对火力进行的组织和实施；二是投射间瞄火力，指火力投射部队对不可见的目标投射的火力。

4. 火力支援系统

火力支援系统的要素包括指挥控制系统、目标搜索系统、攻击/投射系统。这些要素是指挥官用来进行火力支援的手段。如何运用这些手段取决于指挥官和参谋人员对火力支援协调过程的核心能力的理解和整合程度。

5. 火力支援职能

火力支援系统的4项职能是：支援接敌部队，支援作战构想，同步和聚集各领域的（致命和非致命的）火力支援，维持并保护火力支援系统。这4项职能并未改变或取代不同的陆军及联合火力支援资源的传统任务、作用和行动。然而，它们为实现火力支援系统战役层面的统一提供了指南。例如，支援地面作战的美国空军飞机必须同时完成这4项职能，但空军不需要特意为此进行筹划，而是在完成常规的近距空中支援、空中遮断、攻击控制与侦察、压制敌防空配系的过程中完成地面支援任务。对地面支援任务的最终评估必须以这4项职能为标尺。

6. 火力支援特点

火力支援的特点主要体现在3个方面。一是在战争法和既定交战规则允许范围内尽可能发挥己方部队的杀伤力。火力支援协调员在大规模地面作战行动中的目标是在战争法和既定交战规则允许范围内统筹协调战场上的火力，以支援受援部队指挥官的作战构想。二是作战过程中保持进攻精神。不论机动部队参与的是进攻还是防御，其火力支援部队在快速持续地打击各领域的高回报目标的过程中必须保持进攻精神。三是作战过程中保持整体意识。火力支援系统是一个独立实体，由不同的攻击和投射系统、人员和物资组成，其中大部分都以不同的方式运行。就单个火力支援资源来看，其运行方式根据指挥控制和战术、技术与程序的不同而变化。但每个系统必须服从整体任务以及机动部队指挥官，以实现各领域的迅速持续整合，并作为一支统一的部队发挥作用。

7. 火力支援计划、协调和实施原则

对于火力支援计划、协调的原则，条令强调了12条。一是尽早制订计划，并不间断进行；二是确保目标信息持续顺畅的流通；三是考虑使用全部的能力；四是使用能够完成某项有效支援任务的最低层级的梯队；五是提供所要求的支援；六是使用最有效的火力支援方法；七是避免不必要的重复；八是考虑空中协调；九是提供充分的支援；十是提供快速协调；十一是灵活性；十二是使用火力支援协调措施。

对于火力支援实施的原则，条令强调了6条。一是为参战部队提供充分的火力支援；二是加强主要方向或决战行动；三是为指挥官影响作战行动提供及时可用的火力支援；四是便于未来作战行动；五是最大程度的集中控制（尤其是在防御行动中）；六是绝不可将炮兵作为预备力量。

8. 火力支援和野战炮兵训练

条令指出，野战炮兵部队指挥官负责训练下级火力支援和野战炮兵部队，以确保其战备。为制订合理的训练计划，指挥官需要深刻理解掌握野战炮兵和火力支援相关条令和战术、技术与程序，还需要参考其自身经验与军事技能。

3.2.2　火力支援系统

美军认为，火力支援系统包括指挥与控制系统、目标搜索系统、攻击和投射系统。

1. 指挥与控制系统

指挥与控制系统包括与火力支援相关的人员、网络、指挥所等。其中，火力支援人员岗位设置在各指挥层级的野战炮兵和机动指挥所内，主要包括火力支援协调官、火力主任、副火力支援协调官、目标工作军官、野战炮兵情报军官、旅火力支援军官、营火力支援军官、连火力支援军官、连火力支援中士或火力支援士官、前方观察员、联合火力观察员等；火力支援网络（火力支援数字系统）包括高级野战炮兵战术数据系统、联合自动化纵深作战协调系统和前方观察系统；指挥所主要包括野战炮兵指挥所、机动指挥所、联合火力支援指挥所等。

2. 目标搜索系统

作为火力支援系统的组成要素，目标搜索是对目标进行尽可能详细的侦察、识别和定位，以便有效利用各项系统，产生所需效果。可能的目标侦察资源包括卫星和其他国家资源、联合情报监视侦察系统，包括美国空军分布式公共地面系统、无人机系统、武器定位雷达、前方观察员、侦察兵和特种作战部队等。

3. 攻击和投射系统

美军的攻击和投射系统包括致命和非致命系统两大类。致命性系统主要有火箭炮、导弹、身管火炮、迫击炮等地对地系统和固定翼飞机、旋转翼飞机、无人机等空对地系统；非致命系统主要指网络空间以及电磁作战等。

3.2.3 火力支援与作战行动过程

火力支援与作战行动过程是条令的核心章节之一，主要研究讨论了火力支援职能、火力支援程序、火力支援过程、火力支援准备、火力支援实施、火力支援评估等问题。

1. 火力支援职能

火力支援系统的4种火力支援职能是支援接敌部队，支援作战构想，同步和聚集各领域的（致命和非致命的）火力支援，维持并防护火力支援系统。一是支援接敌部队。条令强调，大规模地面作战行动过程中，火力支援必须采取有效措施支援接敌部队。具体包括提供纵深火力，计划反击火力，提供近距离支援火力，提供火力压制已知的敌防空武器，提供火力支援巩固地域行动等。二是支援作战构想。条令强调，火力支援系统通过火力计划，以及积极、及时、准确地整合并投射火力支援，来响应机动部队指挥官的作战构想。机动部队指挥官必须保持对充足的火力的直接控制，通过攻击高回报目标来改变战斗局势。在大规模地面作战行动中机动部队指挥官应特别注意的是敌人对己方反火力目标、压制敌防空配系、纵深火力和支援巩固地域行动的攻击。三是同步和聚集各个领域的（致命和非致命的）火力支援。条令强调，火力支援计划的实施应与机动计划的发展同步。火力支援系统内部必须实现同步，同时战斗力的其他要素也应同步。火力支援必须与其他联合部队的活动同步，包括空中行动、网络空间行动、情监侦职能、特种行动、人员救援和信息相关活动，从而实现有限资源利用最优化，并避免己方火力事故。四是维持并防护火力支援系统。条令强调，火力支援和野战炮兵行动的计划人员必须实施维持行动，以确保火力支援系统的所有要素能够持续快速地协调各领域的火力支援，保障合理的人员勤务和医疗支援。火力支援计划人员还必须保证能够执行合适的防护措施，以确保指挥所、人员、网络、目标搜索和攻击/投射系统的生存。

2. 火力支援程序

火力支援的两个关键程序是压制敌防空配系和反火力，必须将这两个关键程序整合进作战行动过程中。一是压制敌防空配系。压制敌防空配系通常针对敌高回报目标，如指控节点/中心、地对空导弹发射阵地、地对空导弹运输飞机和储存仓、高射炮、预警火控雷达和地面控制拦截站点、防空作战与维修人员、海上防空资源、定向能武器、电子战系统等。二是反火力。反火力通过对敌人导弹一体化火力群提供火力打击发挥作用；或通过压制或摧毁敌方武器、目标搜索资源、观察人员（包括特殊目的部队）、指控设施和通信站及后勤站，保护己方部队和战斗职能免受敌人间瞄火力打击。反火力的具体措施包括预先性反火力和反应性反火力。预先性反火力是在敌人打击己方部队之前打击敌人间瞄火力系统。反应性反火力提供即刻的间瞄和联合火力，一般在敌人开始打击己方部队不久，对敌人的火力打击系统做出反应。

3. 火力支援过程

火力支援的主要过程包括目标工作、火力支援计划与协调，以及火力支援与军事决策过程。这些过程是伴随整个作战过程不间断同时发生的。

1）目标工作

目标工作是选择目标、确定打击目标优先顺序、为目标匹配合适的打击系统、考虑作战需求和能力的过程。目标工作有助于与其他陆军和联合职能部门（指挥与控制、情报、运动与机动、防护、持续性保障和信息）进行整合和同步。陆军目标工作流程及其决策、侦察、打击和评估步骤需要与作战过程、联合目标工作周期和军事决策流程相结合（表3-1）。目标工作贯穿整个作战过程，其步骤主要分为计划、准备、执行和评估。

2）火力支援计划与协调

火力支援计划是分析、分配、整合、同步和调度火力的连续过程。火力支援协调是计划和执行火力，以便目标被适当的武器或武器组充分覆盖。火力支援计划与协调应遵循的原则如前所述。

表3-1 作战行动对照表、目标工作周期、D3A、MDMP和火力支援任务

作战行动过程	目标工作周期	D3A	MDMP	火力支援任务
持续评估	计划、准备、执行、评估	指挥官目标、目标工作指导意图;目标制定和优先排序;能力分析;指挥官决策和部队分配;任务计划和部队执行;战斗评估;D3A——决策、侦察、打击和评估;MDMP——军事决策过程	决策、侦察、打击、评估	分析任务	实施目标价值分析,确定高价值目标;为指挥官的目标工作指导和预期效果提供火力支援活动信息
				制定行动方案	制定潜在高回报目标清单;协调并化解潜在高回报目标之间的冲突;制定高回报目标清单;设立目标选择标准;制定目标打击方案;制定火力支援任务;制定相关绩效和效果测度
				分析行动方案	完善高回报目标清单;完善目标选择标准;完善目标打击方案;完善火力支援任务;完善相关绩效测度和效果测度;制定目标同步矩阵;草拟空域管制手段请求
				制定命令	确定高回报目标清单;确定目标选择标准;确定目标打击方案;确定目标工作同步矩阵;确定火力支援任务和执行矩阵;确定相关绩效测度和效果测度;向营或旅情报参谋提交信息需求;执行信息收集计划;当信息需求得到回应时,对其进行更新;更新高回报目标清单、目标打击方案和目标工作同步矩阵;更新火力支援任务;更新相关绩效测度和效果测度;根据目标打击方案和目标工作同步矩阵,执行火力支援任务;执行信息收集计划;(按照绩效测度)评估任务完成情况;(按照效果测度)评估效果

(表格结构说明:"作战行动过程""目标工作周期""D3A"三列在四个MDMP子行(分析任务、制定行动方案、分析行动方案、制定命令)上合并。)

3)火力支援与军事决策过程

条令强调,军事决策过程中,火力支援人员和野战炮兵计划人员必须与上级司令部人员进行平行计划。

受领任务阶段,火力支援计划人员根据指挥官对火力支援和预期效果的

指导，为可能的火力支援任务提供建议。建议的主要内容包括要进行的作战类型、作战地区概述、已知或预期的野战炮兵战斗编组变化、火力支援协调措施、通信和持续性保障计划等。

任务分析阶段，火力支援协调员和野战炮兵参谋人员要根据指挥官的意图，对确定具体的、隐含的和基本的任务进行分析，形成任务分析简报。被支援的指挥官必须提供一个清楚且简洁的关于其希望获得的火力效果的指导，来说明火力支援的（致命和非致命）攻击和投射系统应产生的预期效果。作为其对火力支援指导的一部分，指挥官还可能提出禁止打击目标清单和限制打击目标清单。

制定行动方案阶段，火力支援计划人员与机动人员同时制定火力支援实施模型并完善高回报目标。一旦目标选择标准、高回报目标和攻击指导模型得到完善，火力支援计划人员将根据任务分析过程中确定的火力支援任务确定关键火力支援任务，该任务表述了火力必须对目标产生何种影响，从而形成火力支援计划。野战炮兵指挥人员制订野战炮兵支援计划，并将其作为火力支援计划的附录。

分析行动方案阶段，火力支援协调员和火力支援协调助理必须从火力支援的角度理解每个行动方案的优缺点，并向指挥官简要汇报。

比较行动方案阶段，参谋人员根据作战模拟前制定的评估标准概述每一个行动方案，并针对每个行动方案相对于其他行动方案的优缺点，确定哪一个行动方案最有可能成功。

批准行动方案阶段，完成行动方案比较后，军/师参谋部确定其首选行动方案并将其推荐给指挥官。火力支援协调员将推荐的行动方案转换为火力支援建议，以待指挥官批准。指挥官批准该行动方案（不经任何修改，或可提出任何修改指示）。行动方案阐述了作战构想、火力计划和相关的火力支援任务，包括火力优先级、火力支援资源的分配、野战炮兵的战斗编组、指挥和支援关系、最终的高回报目标清单、目标选择标准、攻击指导模型等。

形成作战命令阶段，火力支援计划是作战计划或作战命令的组成部分，通常由作战计划或作战命令中的火力部分和《附录D 火力》及其他相关附录、表格或附录组成。火力支援计划反映了对指挥官意图的详细理解，包括火力支援对指挥官意图或作战构想的贡献、指挥官关键信息需求的变化、附加或修改的风险指南、对时间敏感的侦察任务和需要及早启动的关键火力支援任务等内容。

4. 火力支援准备

条令强调，任务的成功与否既取决于火力支援的计划和协调，也取决于火力支援的准备。而推演是使下级部队指挥官和全体官兵能够熟悉作战构想的关键方面。推演有助于官兵在执行行动前适应环境和其他分队,有助于官兵在脑海中铭记作战行动中的关键行动顺序。

5. 火力支援实施

火力支援分队通过与空域小组和战术航空控制小组的密切交流来完成对火力支援协调措施与空域协调措施的协同和调解。

火力支援协调员通过火力支援实施原则来预测大规模地面作战行动的动态变化,保持对作战环境的态势感知。这些原则包括:对参战部队提供充足的火力支援;重视决定性作战行动或主要方向;增强灵活性并促进提供即时响应火力;便于后续作战;最可行的集中控制;禁止将炮兵作为预备部队。

作战中,当两个或多个空域用户发生冲突时,空域小组直接改变有人驾驶飞机或无人驾驶飞行器的航线、修改弹道或火力打击的时间来解决冲突。

6. 火力支援评估

评估指导作战过程的其他活动,且每次作战或每个作战阶段结束都要进行评估。然而,评估的重点在计划、准备和实施过程中有所不同。在计划过程中,评估的重点是收集信息,了解现状,制订评估计划;在准备过程中,评估侧重于监测战备进度,并有助于完善计划;实施过程中,持续评估对于根据战场情况变化调整作战行动至关重要。实施过程中的评估包括将预测结果与实际事件进行仔细的比较,使用标准来判断作战进展与成功之间的差距。

作为整体作战评估的重要组成部分,参谋人员负责评估火力支援。参谋人员应评估联合火力支援系统如何有效地支援接敌运动、支援作战构想和相关火力支援计划、同步作战支援以及维持/保护火力支援系统。积极的指标包括在指挥链上下持续流动的目标信息;能够产生致命和非致命效果的能力的可用性;获得所需求的火力支援类型;保持使用最有效的火力支援;避免不必要的重复的模式;减少平民伤亡和附带损伤;有效利用空域;为接敌部队提供迅速的火力支援,以及快速的协调方法。负面指标包括没有创造充分打击效果或实现目标、己方火力意外事件、意外或超过可接受程度的平民伤亡或附带损伤。

3.2.4 野战炮兵作战

条令简要描述了统一地面作战中的野战炮兵部队及其任务与部署等问题。主要内容包括野战炮兵的职责、旅以上部队野战炮兵组织、野战炮兵纵深作战、野战炮兵作战编组、野战炮兵运用的关键考虑因素、射击指挥等。

1. 野战炮兵的职责

野战炮兵的职责是用火炮、火箭炮和导弹的火力压制、抑制,或消灭敌人，并在作战行动中整合协调所有的火力支援资源。野战炮兵通过在空间和时间上向单个或者多个目标集中火力进行精确、近似精确、区域火力打击，支援统一地面作战行动。

在支援大规模地面作战行动的过程中，野战炮兵是向机动部队指挥官提供连续、反应性间瞄火力的主要手段。它可以在没有任何预警的情况下，瞬间发射大量火力，从而实现作战行动的突然性。因此，它是机动部队指挥官可用的最有效和最灵敏的全天候作战倍增器。

野战炮兵的局限性包括射击征候可被敌目标搜索力量侦察发现从而导致射击部队面临危险，面对敌人的地面和空中打击时防卫能力有限，打击运动目标的能力有限。

2. 旅以上部队野战炮兵组织

战区火力司令部作为战区陆军的高级司令部，负责整合战区火力资源，执行关键火力职能。战区火力司令部通过不断设置战区环境和塑造态势，支援联合目标工作，协助处于冲突状态中的联合部队陆军组成部队司令部/陆军野战部队和军作战行动。

野战炮兵旅的主要任务是遂行军级打击行动和增强师级塑造行动。野战炮兵旅为陆军提供了在大规模地面作战行动中塑造性作战过程中产生大规模效应的能力，也可以作为反火力司令部或被分配反火力任务。

师炮兵的主要作用是推动师作战地域内的塑造性作战行动。同时，师炮兵指挥官作为该师的炮兵高级军官，负责为编配、配属或受该师作战控制的野战炮兵部队进行标准化训练。师炮兵指挥官将指导这些野战炮兵部队的各级指挥官，并代表师指挥官承担其他主要职责。这些职责包括管理派遣或配属的专业野战士兵职业生涯管理、训练监督和认证计划。

3. 野战炮兵纵深作战

在各种气象条件下，无论白天还是晚上，野战炮兵完全有能力在所支援部队的整个作战区域内执行远程打击任务。无论何时何地，野战炮兵都可以在系统的最大射程范围内，为联合部队指挥官和陆军部队指挥官提供攻击高回报目标的能力。其纵深作战行动可以拦截或消耗敌机动部队、地对地导弹系统和后勤分队/设施；改变战斗力比例；在加强己方部队防护的同时，限制敌方的行动自由。

4. 野战炮兵作战编组

野战炮兵作战编组的目的是保证每一支野战炮兵部队都有确定的指挥关系或支援关系。火力支援协调员、火力主任、炮兵旅的火力支援军官，通过分析任务、敌情、地形和天气、可用的部队和支援、可用的时间和民事因素的变化，评估可用的野战炮兵力量，向所支援的指挥官建议每支野战炮兵部队的指挥或支援关系。被支援的指挥官批准野战炮兵的作战编组，并纳入作战计划/作战命令和火力支援计划。

5. 野战炮兵运用的关键考虑因素

对此，条令强调了两点。一是准确投射火力的5点要求，包括准确的目标位置和大小、准确的火力分队位置、准确的武器弹药信息、准确的气象信息、精确的计算程序等。二是为达成预期效果积极进行火力响应，强调有效的射击、目标搜索、武器、弹药和任务式指挥都是野战炮兵火力为机动部队执行有效的火力支援所必不可少的要素。为此，要强化以下措施：训练，尤其是数字化保障训练；通过使用数字系统简化火力呼唤；提前计划火力支援需求；设置许可性战场设计，包括空域；设置许可性火力支援协调措施；推演；确定攻击目标时间；在火力支援的各个领域对观察员进行不间断培训；限制无线电传输，仅限于对时间敏感性和对完成任务至关重要的通信。

6. 射击指挥

射击指挥是通过对一支或者多支部队就每项任务当中的目标选择、火力的集中与分散、弹药分配所进行的战术指挥，从而实现火力的战术运用；将目标信息转换成相应的射击口令的方法与技术。射击指挥中心是指挥所的组成部分，射击指挥中心为了支援当前的作战行动而提供及时有效的战术和技术射击指挥。其中，战术射击指挥包括处理火力呼唤、确定适当的射击方法、弹药类型和数量、射击部队、射击时间等；技术射击指挥是将武器和弹药特性（如炮口初速、发射药温度、弹重）、武器和目标位置、气象信息转换成射击诸元的过程。

3.2.5　塑造性和预防性作战行动中的火力支援

1. 塑造性行动中的火力支援

塑造作战环境行动是那些有助于促进地区稳定的活动，同时为应对局势从竞争转变为军事冲突创造有利条件。有助于塑造性行动的火力支援和野战炮兵部队活动包括但不限于参与安全合作、区域分配和结盟部队，以及为作战行动设立战区等活动。

2. 预防冲突行动中的火力支援

预防冲突行动通常是针对敌方打算采取违背美国利益的军事行动的迹象，或针对正在进行的敌方活动的警告。无论采用何种方法来提高敌军的潜在成本，主要的威慑力量都是一支有适当人员、装备的联合部队在大规模地面作战行动中获胜的能力。有助于预防冲突行动的火力支援（和野战炮兵）活动包括但不限于参与灵活威慑行动、灵活反应行动、设置战区和部队部署等活动。

3.2.6　大规模地面作战行动中的纵深火力支援

美军强调，在大规模地面作战行动中，陆军部队作为联合部队的一部分，重点是击败和摧毁敌人的地面部队。陆军部队通过进攻、防御、稳定行动，以及巩固战果行动，来实现国家目标。联合火力支援通过支援大规模地面作战行动中的攻防行动，极大地推动了陆军击败和摧毁敌军地面部队的行动。同时用火力攻击纵深地域内敌人的高回报目标，使敌军在各领域都面临多重困境，迫使其不断作出回应。作为核心章节，条令主要研究讨论了大规模地面作战行动、防御作战行动、进攻作战行动中的纵深火力支援问题以及赋能、稳定和重组行动中的火力支援问题。

1. 纵深火力支援

条令详细阐述了大规模地面作战行动中的纵深火力支援需要考虑的因素，着重阐述了以空降行动、空中突击行动、特种作战行动强行进入时火力支援需考虑的因素，并分别阐述了在强行进入的 5 个阶段（准备和部署、突击、稳定立足点、引入后续部队，以及行动终止或过渡阶段）火力支援需考虑的因素。

纵深火力支援需要考虑的因素包括：提交空中遮断、攻击协调和侦察任务；师和联合特遣部队之间的各级部队都必须设置联合目标工作协调委员会和陆军目标工作委员；确保战斗航空旅指挥官和火力支援协调官（与参谋人员）之间的密切协调；确保火力支援协调官/情报助理参谋长/作战助理参谋长之间对专门用于目标开发与目标搜索的情报、监视、侦察资源的理解一致；确保除火力协调线和火力支援协调线以外，连续跟踪所有己方部队和中立阵地（统一行动伙伴、非政府组织、特种作战部队、伙伴部队、战场上的其他参与因素）；确保地面部队指挥官的优先事项在联合目标工作过程中得到充分沟通/体现，因为在纵深地域的行动可能会涉及许多具有不同目标的联合和统一行动伙伴；利用联邦情报机构为目标搜索提供直接和/或补充支援；确保指挥梯队之间就形成作战预期和评估进行持续沟通并达成共识；将野战炮兵资源配置在最前方（很多情况下都是在己方部队前锋线之外），以最大限度地扩大范围，确保这些资源的适当安全；为满足指挥官在纵深地域的意图提供充足的目标搜索和攻击/投射平台，确保其与支援近距离战斗持续混乱的紧张局势相平衡；考虑密切支援特种作战部队和其他联合行动伙伴，以及在纵深地域行动的多国部队；寻求特种作战部队与常规部队目标搜索和火力支援攻击/

投射平台之间的目标移交机会；在纵深地域行动的联合统一行动伙伴之间（特别是美国陆军和空军之间）明确职责和权限划分；确保在所有火力支援节点上都有具有目标交战权限的联合末端攻击控制员和军法参谋人员；拟制和推演通信计划，因为在纵深地域的行动可能需要与世界各地的统一行动伙伴（处理、利用和传播节点，联合空中作战中心，恰当的网络空间电磁活动当局）进行协调。

空降部队强行进入的火力支援考虑因素包括：地对地火力支援资源的可用性最初可能受到限制，最初依赖近距离空中支援、旋转翼飞机和海军舰炮，直到有身管火炮和迫击炮力量可用；确保攻击部队中有适当的空军联络军官、联合末端攻击控制员和陆海空联络连级代表；确保在空降行动和随后的空中和地面行动中尽早引入充足的野战炮兵系统，通过减少对近距离空中支援、攻击航空兵和海军舰炮的依赖来创造灵活性；压制敌防空配系以支援运输机（包括敌方防空炮兵、敌方飞机机场、敌方直升机部队和加油站）；对空降场和其他关键目标执行突击的火力，包括遮断火力；在假登陆区设置欺骗火力；利用网络空间电磁活动干扰空降场附近的敌军部队；涵盖远程精确火力；与支援该行动的所有联合和统一行动伙伴建立联络；确保已在该地区行动的所有特种作战部队和统一行动伙伴之间的共同理解和可视化。

空中突击强行进入的火力支援考虑因素包括：欺骗，可以对目标或登陆地区以外的区域进行虚假火力准备，以欺骗敌军；火力准备的持续时间，长时间的准备会减少制造突然性的可能，火力准备应在第一批起飞的第一架飞机穿过分进点时开始，并在第一架飞机着陆时结束；火力支援资源的可用性，当执行远距离空中突击时，由近距离空中支援或攻击直升机进行的火力准备可能是替代建制野战炮兵唯一可行的方法。

特种作战行动的火力支援考虑因素包括：优先考虑近距离空中支援；尽快分配远程精确火力系统，合适的做法是在高机动性火箭炮系统或多管火箭炮与特种作战部队之间建立直接支援关系；确保在整个行动过程中，特别是在任何突击前火力执行期间，了解并跟踪特种作战部队阵地位置及其负责支援的多国统一行动伙伴；通过设置地面部队指挥官和通信，界定特种作战部队和常规部队之间的火力核准责任，并加速责任履行。

准备和部署阶段火力支援考虑因素包括：为中继通信制订主要、预备、应急计划；联合目标搜索和联合火力支援攻击/投射平台的可用性，包括将已在立足点附近的特种作战部队考虑在内；对联合一体化优先目标清单和空中任务分派命令提供建议；瞄准敌军的反介入/区域拒止系统，利用空中遮断打击立足点附近的目标；由于使用权限审批需要较长时间，因此需尽早将网络空间电磁活动和其他与信息相关的系统整合进作战行动中；建议将火力支援考虑因素纳入作战的参与或不参与标准中；考虑战斗毁伤评估的情报、监视、侦察分配，以满足这些标准；与联合和统一行动伙伴合作制定突击前火力计划和所有欺骗火力，并确保执行压制敌防空配系任务的美国空军也了解地面部队指挥官的机动计划和高回报目标；理解并向机动部队指挥官传达联合部队指挥官用来为作战提供支援的压制敌防空配系计划；针对火力支援平台在立足点梯次编队优先顺序随时间的变化提出建议；确保情报、监视、侦察资源的合理分配。

突击阶段火力支援考虑因素包括：了解地面行动战术计划；为情报、监视、侦察/目标移交系统与地面特种作战部队建立通信；利用空域指挥控制及协调措施说明密集空域情况；打击立足点内的敌军目标，同时打击能进行增援或反击的敌军分队；野战炮兵和迫击炮阵地配置应有利于扩大立足点，并消除与可能正在进行的空军登陆行动的冲突；分散执行火力。

稳定立足点的火力支援考虑因素包括：当其他间瞄火力支援系统到达时，平衡近距离空中支援、攻击航空兵和空中遮断系统；消除饱和空域内的冲突；随着立足点的扩大，开始根据机动部队的行动转移野战炮兵和迫击炮部队。

引入后续部队阶段的火力支援考虑因素包括：当更多机动部队到达时，利用火力支援计划和执行原则支援地面进攻行动；做好转移火力优先权的准备；做好转移边界和对应的火力支援协调措施的准备。

行动终止或过渡期间火力支援的考虑因素包括：增加非致命性和信息相关系统的选择；野战炮兵的重新部署需要与近距离空中支援和空中遮断以及攻击航空兵部队保持协调。

2. 防御作战行动中的纵深火力支援

美军的防御作战行动主要包括地域防御、机动防御和后退3种。

地域防御的火力支援考虑因素包括：提供远程塑造火力，迟滞、扰乱和消耗敌军；提供火力进行反击；向前配置射击分队，以支援掩护部队，包括在该区域作战的特种作战部队；确保建立火力支援协调措施、己方关键地域和火力呼唤区域；在敌人执行火力准备之前，优先打击敌远程间瞄火力系统；集中火力挫败敌人进攻锐势；当敌人进入交战地域时，向师和旅战斗队提供反火力支援，使旅战斗队的建制野战炮兵营为了机动执行近距离支援火力；运用火力打乱敌后续梯队；确保警戒部队的战斗移交和撤退时的火力支援。

机动防御的火力支援考虑因素包括：用最灵活的火力支援攻击/投射平台（如近距离空中支援和攻击航空兵部队）来加强打击部队；在机动防御中，可用射击分队的三分之二与攻击部队一起配置，三分之一与固定部署的部队一起配置；根据已方部队前锋线的移动情况，为确保目标搜索武器定位雷达资源的生存能力，制订其移动计划；为遮蔽或掩护烟幕的使用制订计划，支援固定部署部队和攻击部队；为作战的每个阶段配置弹药储备；将观察员部署在前方以及拘束部队和打击部队的侧翼，方便其观察和执行优先目标；在向前推进的机动部队前使用无人驾驶飞行器，侦察指定重要目标地域的敌军部队；监视武器定位雷达获取的敌人布雷的迹象；为拘束部队配备侦察、监视和目标搜索资源，以迟滞和瓦解敌军的重新部署和撤退行动；将联合火力支援与特种作战部队和美国空军进行协调和同步。

撤退行动的火力支援考虑因素包括：用烟雾掩盖已方部队的行动；用火力迟滞敌军；对障碍物进行射击和观察；在进行撤退时，阻塞敌军指挥网，以减缓敌军的反应速度；使用纵深火力来减轻接敌分队的压力；必要时提供最终的防护火力；做好准备，支援迟滞行动。

3. 进攻作战行动中的纵深火力支援

美军的进攻作战行动主要包括接敌运动、攻击、扩张战果和追击4种。

接敌运动时火力支援考虑因素：将近距离空中支援飞机和攻击航空兵的优势兵力配置给掩护和警戒部队；准备好迅速改变火力的优先顺序并建立火力支援协调措施；整合旅战斗队火力支援资源，使旅战斗队建制野战炮兵营继续与旅战斗队一起机动；整合野战炮兵、联合火力和目标搜索武器定位雷达资源，在推进过程中协助保护易受攻击的师、军或其他支援指挥资源的未受保护侧翼；在野战炮兵旅打击火力和联合火力的支援下，突击旅和其他机动力量牵制敌人的机动行动，塑造战场，为旅战斗队创造交战条件；将火力支援部队部署在前方，以提高其对大规模火力的反应能力；将指挥所置于前方，以便于控制火力支援作战；向作战旅提供反应灵敏的身管火炮、火箭炮和导弹火力，使其建制野战炮兵营能够在与敌接触的过程中继续机动；计划炮兵行动，以保持部队的进攻节奏，并提供充分的即时反应支援；使用无人驾驶飞行器搜索多管火箭炮和高机动性火箭炮系统连的前沿阵地，以协助侦察路线和阵地区域，特别是识别经过的敌军；在可能的敌人防御地点、交战地域、观察所和障碍物上规划目标；安排一支野战炮兵部队紧跟在先遣部队后面，以便向主要部队开火；配置武器定位雷达、观察员和无人驾驶飞行器，以侦察前方和支援部队侧翼的敌军；配置武器定位雷达，以覆盖易受敌军绕过正规或非正规部队间瞄火力攻击的已方部队关键资源；制订备用阵地区域和生存性转移计划；制订遮蔽烟雾的使用计划；使野战炮兵的部署和运动与受支援分队的节奏同步。

攻击时火力支援考虑因素：进攻作战地区外的敌预备队和第二梯队部队，孤立敌第一梯队；通过压制敌防空配系支援空中行动；执行打击，迟滞和打乱敌军的重新部署和撤退行动；摧毁敌人的指挥与控制设施，以防止他们协调防御行动；执行打击支援师、军、联合特遣部队或所支援的其他司令部的塑造行动；提供火力支援突入敌军阵地行动；当旅战斗队作为预备队时，为旅战斗队的野战炮兵营的支援关系提供建议；为后续进攻行动制订火力支援计划；确保路线具有充足的机动性以快速移动；为推动受支援部队的进攻行动，计划并提供火力准备；预判火力对高回报目标的影响，以满足部队指挥官制定的需求，为穿越出发线创造条件；提供火力来瓦解和扰乱敌人的防御工事或预备役编队；针对反火力的密集火力；提供火力支援突袭和破坏性进攻；计划遮蔽或掩护的烟幕射击；确保雷达及时就位，以支援对目标的进攻和随后的巩固；按梯队依次进行运动，向受支援部队提供持续的雷达覆盖。

扩张战果和追击行动中火力支援应考虑的因素包括：打击重新部署和撤退的敌军，以扰乱或延缓敌人的撤退；应尽可能分配与近距离空中支援或作战飞机部队同样多的扩张战果力量；提供压制敌防空配系支援战斗航空旅攻击行动；摧毁敌人的指挥控制设施，以破坏敌人的巩固和重组能力；当部队重新部署或随扩张战果/追击的部队转移时，使用可用的航空兵力量和联合火力，对逃跑的敌军部队进行不间断的火力打击；计划火力，支援追击或扩张战果部队的侧翼和后方；提供火力消灭仓促防御之敌，支援对敌人的主力部队继续实施追击；请求、监视和更新火力支援协调措施，以继续攻击和追踪；向障碍物和检查点射击，以继续摧毁撤退中的敌军；增加使用第三类（石油、机油和润滑油）和第五类（各类弹药）供应品的计划；部署武器定位雷达以覆盖易受常规或非常规部队间瞄火力攻击的关键己方部队资源；监测武器定位雷达搜索，以确定敌人阵地内是否有可散布地雷的迹象。

4. 赋能行动和稳定行动中的纵深火力支援

赋能行动通常作为塑造作战和支援行动的一部分，主要包括侦察、警戒、部队转移、原地换班、越线、包围、机动、突破、跨越壕沟和反机动作战等。条令对上述行动中火力支援的注意事项进行了阐述。

稳定行动是在美国境外与其他国家权力机构合作进行的行动，以建立或维持安全的环境，并提供必要的政府服务、紧急基础设施重组和人道主义救援。稳定行动期间火力支援的注意事项包括：稳定行动通常在与作战地区不相邻的区域执行，这会使火力支援协调措施的使用、集中和转移火力的能力以及火力核准的程序变得更为复杂；火力可能更多地被用来防御关键地点，而不是进攻；为限制附带损害，需要对精确和准精确打击弹药，以及非致命能力的使用进行额外计划；对火力支援制订计划以展示实力、炫耀武力，或提供区域拒止火力；可增加限制性火力支援协调措施数量和类型。

3.3 技术条令——2022 年版 ATP 3-09.24《野战炮兵旅》

2022 年 3 月 30 日，美国陆军部颁发了新版野战条令 ATP 3-09.24《野战炮兵旅》，用以取代 2012 年 11 月 21 日颁发的野战条令 ATP 3-09.24《火力旅》。2022 年版 ATP 3-09.24《野战炮兵旅》主要阐述了野战炮兵旅如何支援师、军、联合部队地面组成部队或统一陆上作战行动中的联合特遣部队遂行作战行动，为野战炮兵旅在统一陆上作战行动和大规模作战行动中的运用提供了指南。该出版物面向所有军兵种人员，主要使用对象为野战炮兵旅内的指挥官、参谋和领导人员，也为师或军指挥官与参谋人员日常训练和野战炮兵旅作战运用提供了指导，也可以供陆军其他训练人员和教育工作者参考使用。新版 ATP 3-09.24《野战炮兵旅》主要内容包括 5 章。

3.3.1 编制体制框架

作为开篇第一章，条令分野战炮兵旅的地位作用、野战炮兵旅作为部队野战炮兵司令部、火力支援计划与协调的原则、火力支援实施的原则、野战炮兵在陆军支援关系中的内部职责、火力加强中的野战炮兵旅、作为反火力司令部的野战炮兵旅、野战炮兵旅编制、野战炮兵旅指挥组、野战炮兵旅参谋人员共 10 节内容进行了阐述。

1. 野战炮兵旅的地位作用

野战炮兵旅可作为军或联合特遣部队的部队野战炮兵司令部，或者是作为联合特遣部队、军或师的反火力司令部，主要用于开展军级打击行动并加强师级塑造作战行动。在实施大规模地面作战的塑造作战行动期间，野战炮兵旅为军提供集中火力效果。军指挥官可以指定野战炮兵旅指挥官为火力支援协调官，作为军指挥官筹划、协调、整合野战炮兵和火力支援方面的首席顾问。

2. 野战炮兵旅作为部队野战炮兵司令部

部队野战炮兵司令部是一个由受援部队指挥官指定的营级以上单位，该指挥官负责明确其任务期限、职责和责任。当野战炮兵旅被所支援的师指挥官指定为师野战炮兵司令部时，野战炮兵旅指挥官则承担起师火力支援协调官的职责。军火力支援分队的高级野战炮兵军官则充当副职火力支援协调官，并且要接受火力支援协调官的指导与管理。

野战炮兵旅作为部队野战炮兵司令部的主要职责包括：为指挥官对野战炮兵的战斗编组提供建议；对建制、编配、配属、置于其作战控制或战术控制之下的野战炮兵部队实施指挥（统一指挥野战炮兵）；帮助火力支援分队拟制作战命令的附件D（火力）；负责对下属的野战炮兵部队进行训练、技术监督与评估，并作为这些部队指挥官和领导者的顾问；为司令部制订武器定位雷达计划；为交战部队的近距离支援和打击、反火力、决定性、塑造性等作战行动的支援进行火力的计划、准备和实施；为支援司令部作战的所有陆军间瞄火力、联合火力和多国部队火力提供集中任务式指挥保障；与负责作战的助理参谋长和火力支援分队一起工作，计划、协调和实施上级司令部赋予该指挥机构的火力支援任务；参与指挥官目标处理工作流程；压制敌防空火力以支援联合和陆军航空兵作战；支援特种作战力量。

3. 火力支援计划与协调的原则

对此，条令强调了12个方面。一是提前和持续计划；二是确保持续追踪目标信息；三是考虑运用所有能力；四是运用最低层级有效支援；五是提供所要求的支援；六是运用最有效的火力支援手段；七是避免不必要的重复；八是考虑空域协调；九是提供充足支援；十是提供快速协调；十一是提供灵活性；十二是运用火力支援协调措施。

4. 火力支援实施的原则

条令强调，指挥官和参谋人员必须考虑火力支援实施的原则，具体包括：为参战部队提供充足的火力支援；为主攻或决定性作战行动提供火力加强；随时为指挥官提供火力支援以影响作战行动；便于未来作战行动；最大限度地实施切实可行的集中控制；不将炮兵作为预备部队。

5. 野战炮兵在陆军支援关系中的内部职责

关于野战炮兵在陆军支援关系中的内部职责，条令从直接支援、火力加强、全般支援兼火力加强、全般支援4个方面进行了阐述（表3-2）。

6. 火力加强中的野战炮兵旅

条令指出，野战炮兵旅可以加强给另一个野战炮兵司令部，以便向受援司令部提供额外火力。例如，加强给师炮兵时，野战炮兵旅可以为师炮兵提供其建制内不具备的火力资产，包括师用以反火力和塑造性作战行动的远程火力、旅战斗队加强火力和师炮兵缺乏的通信和后勤控制。由于国民警卫队野战炮兵旅具备将火箭炮营和身管炮兵营、旅支援营和通信连结合的能力，所以是发挥上述职能的理想选择。

表 3-2 陆军支援关系中野战炮兵的内部职责

支援关系	火力响应顺序	射击地带	设置火力支援小组	设置联络军官	建立通信	由谁部署	火力计划由谁制定
直接支援	1. 所支援的部队 2. 自己的观察员① 3. 野战炮兵司令部②	所支援的部队的作战地区	根据需要提供暂时支援	不做要求	根据需要,与所支援的司令部和火力支援军官通信	所支援部队或部队野战炮兵司令部	所支援部队或部队野战炮兵司令部
火力加强	1. 所加强的野战炮兵 2. 自己的观察员① 3. 野战炮兵司令部②	所加强的野战炮兵的射击地带	不做要求	所加强野战炮兵部队司令部或按需设置	所加强野战炮兵部队司令部或按需设置	所加强野战炮兵部队司令部	所加强野战炮兵部队司令部
全般支援兼火力加强	1. 所支援的部队 2. 野战炮兵司令部 3. 所加强的部队 4. 自己的观察员①	所支援部队的作战地区,包括所加强野战炮兵部队的射击地带	不做要求	所加强的野战炮兵部队司令部,或根据需要设置	所加强的野战炮兵部队司令部,或根据需要设置	1. 支援部队 2. 部队野战炮兵司令部②	1. 支援部队 2. 部队野战炮兵司令部②
全般支援	1. 所支援的部队 2. 部队野战炮兵司令部② 3. 自己的观察员	所支援的部队的作战地区	不做要求	不做要求	不做要求	1. 支援部队 2. 部队野战炮兵司令部②	1. 支援部队 2. 部队野战炮兵司令部②

注:①包括没有与受援部队一起部署的所有目标搜索手段。在北约,受援部队不会进行多国特混编组;
②如果支援部队指挥官指定需要。

7. 作为反火力司令部的野战炮兵旅

条令指出,在大规模作战行动期间,军应该拥有两个野战炮兵旅,一个作为反火力司令部,另一个作为部队野战炮兵司令部。反火力司令部与上级司令部情报参谋协调,将反火力信息需求整合至信息收集计划中,确保包括需要信息的人员与获取信息的最新时间,并整合所有可用资产至反火力战斗,发挥情报信息的价值。

反火力司令部的职责包括:计划和协调传感器管理;可能需要通过陆军信息收集资产以加强相关能力,定位和精确打击敌间瞄火力系统;建立反火力关注目标地域;分析支援反火力战斗的武器定位雷达区域管理模式;推荐反火力打击系统配置;撰写附件 D 中的目标搜索表;推荐反火力技术以促进许可性火力;通过师或军火力支援分队参加目标处理工作;运用先进战术数据系统和联合自动化纵深作战协调系统建立反火力任务数字和话音程序与通信架构。

8. 野战炮兵旅编制

野战炮兵旅建制内编有旅支援营、通信网络支援连、目标搜索排(编入旅部与旅部连)和旅部与旅部连。野战炮兵旅和下属分队根据需要可以得到加强(特混编组)。通常包括 1~5 个野战炮兵营以及其他保障力量,如图 3-4 所示。

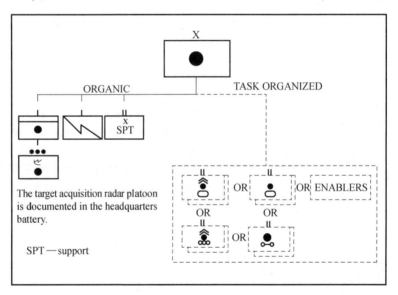

图 3-4 野战炮兵旅编制(示例)

9. 野战炮兵旅指挥组

野战炮兵旅指挥组包括指挥官、执行官和指挥军士长。

旅指挥官负责计划、整合、协调、协同和实施野战炮兵旅作战,以支援师、军或上级司令部作战行动。当被指定为火力支援协调官时,旅指挥官/火力支援协调官的职责主要包括:执行上级分配给野战炮兵旅的任务;基于上级司令部作战方案、火力支援机动方案和作战计划或作战命令等其他指示,决定野战炮兵旅特定或潜在的任务;计划和推荐运用野战炮兵旅以支援上级司令部作战；推荐火力分配，指挥和支援关系分配，以及目标搜索、攻击和保障资产的配置；确保野战炮兵旅下属部队能进行编组并为上级或受援司令部作战提供火力；监督野战炮兵旅参加上级或受援司令部目标处理工作，包括在受到联合司令部指挥和支援时的联合目标处理工作；评估野战炮兵旅下属建制、编配和配属部队的战备情况；指导包括演习在内的任务准备；发布指挥官关键信息需求；批准野战炮兵旅计划和命令。

执行官作为野战炮兵旅第二负责人，其职责和权限因指挥官的意图、野战炮兵旅任务和作战范围及复杂度而有所不同。职责主要包括：筹备建立关键人员委员会和工作小组；保障准备并向指挥官推荐保障支援变更事宜；作为指挥官代表负责协调、参与媒体活动和指定关键领导者；协助旅作战参谋军官专注当前作战的整合和协同；根据任务、敌情、天气以及民事事项等情况，充当统一行动机构和多国参谋或指挥组的临时联络官；管理指挥官关键信息需求；确保野战炮兵旅行动在野战炮兵旅指挥所，上级司令部及下属、受援和支援分队间的协同；决定联络需求和监督联络官；确保参谋军官和部门/小组/分队的工作质量以及他们在评估、计划、准备和实施各阶段的沟通交流；在军事决策过程期间协同野战炮兵旅参谋人员的工作；建立和维护参谋人员工作计划的时间轴线；在目标处理工作和军事决策过程阶段，对目标搜索和火力进行整合并协同信息作战；根据所支援的上级司令部和野战炮兵旅的计划，对配属的部队进行整合；下达指挥官指示和命令；确保参谋人员和上级、下属、受援、支援和友邻分队人员沟通；对野战炮兵旅内部信息进行管理；在任务完成后评估下属部队战备情况；检查野战炮兵旅参谋评估的维持运行情况。

指挥军士长是指挥官的高级军士顾问。他既是专家，也是全才，必须具备炮兵的专业技能，又必须具备关于作战、管理、保障等职能领域的广博知识，是指挥官视野的延伸和解决问题的能手。指挥军士长的职责包括：协助指挥官保持与上级和下级指挥官、参谋之间有效的通信联络；确认指挥官的指示和意图，并通过指挥渠道正确传达至前线的士兵，同时，他们的反馈信息和关切也应汇报给指挥官，向指挥官和参谋人员报告有关士兵的事项；协助作战参谋军官对集体和单兵训练进行计划、协调和监督，包括资格认证；监督旅军士；指导军士的专业发展；在士兵队伍中培养未来的专家。

10. 野战炮兵旅参谋人员

野战炮兵旅参谋人员协助旅长履行权利、制定决策。其中，侍从参谋包括旅军法参谋军官、随军牧师、旅军医与公共事务军官。他们在各自的专业领域内协助旅长，通常情况下受旅长指挥；协调参谋包括人事参谋军官、情报参谋军官、作战参谋军官、后勤参谋军官、通信参谋军官。协调参谋研究制定各种可供选择的方案并提出建议，确保野战炮兵旅旅长能够获得重要、及时的信息，以便进行连续不断的评估，并为此制订计划、进行准备和实施；特业参谋主要是位于野战炮兵旅基本指挥所内的参谋部门/小组/分队的主管参谋，包括火力支援军官、防空空域管理军官以及其他人员。

3.3.2 指挥控制

本章主要阐述了野战炮兵旅指挥所的组成及其职能、指挥所各职能部门的组成及其职能。

1. 野战炮兵旅指挥所

野战炮兵旅指挥所主要包括基本指挥所、战术指挥所和先遣指挥所。

基本指挥所由司令部大部分参谋人员组成，是野战炮兵旅制订计划和进行协调的主要场所，计划、指导和监控野战炮兵旅所有作战行动，与上级和友邻单位进行协调，为野战炮兵旅旅长提供深度的情报与信息的分析并随时提出建议。其关键职能包括：保持与上级、友邻和下级单位的联系和协调；为后续作战调整当前作战计划/作战命令；接收、分析并通报战术情报（上下级和平级之间）；保持态势感知；请求和协调增强机动与后勤保障能力；协调资源并向指挥官提出建议；协调火力支援；实施评估；向上级提交计划内火力支援空域管制需求，负责空域管理，包括侦察、监视和目标获取；接收和协调使用联络官；为战术指挥所提供支援。

战术指挥所由司令部专门选定的少部分人员组成，用于在限定时间内控制炮兵旅部分作战行动。野战炮兵旅指挥官将战术指挥所视为基本指挥所的延伸，协助控制作战或特别任务。战术指挥所由完成任务必需的人员和装备组成，依靠基本指挥所完成计划拟制、细节分析和协调。在基本指挥所转移时、指挥官必须远离基本指挥所指挥时、根据任务需要开设第二指挥所控制作战时、战术指挥所可作为替代（预备）指挥所。战术指挥所的组成人员一般包括作战参谋、当前作战军官、情报军官以及火力控制、作战和反火力、目标选择与打击、火力、空中支援、信息作战、防空空域管理分队参谋人员。

先遣指挥所是司令部的先头分队，负责在司令部其余力量部署完毕和投入作战之前指挥控制炮兵旅的作战行动。在应急作战中，野战炮兵旅可能将职能齐全的基本指挥所部署于作战地域前，组建先遣指挥所，暂时对下属部队进行指挥控制。先遣指挥所通常编配比较简化，具体的编配取决于任务、敌情、地形、兵力、可利用的时间和民事等，并可能随着部署的改变而变化。

2. 野战炮兵旅指挥所职能部门

野战炮兵旅指挥所的职能部门主要包括司令部和司令部连、情报部门、作战和反火力部门等。

司令部和司令部连负责指挥所的运转、安全、保障和配置。其职责主要是：为基本指挥所和战术指挥所提供地域防御计划与安全；为基本指挥所和战术指挥所提供后勤支援与维护；与后勤参谋军官、基本指挥所和战术指挥所协调运动事宜；监测基本指挥所和战术指挥所位置；协助其他战术指挥组的系统建立。

情报部门由情报参谋领导，为野战炮兵旅的目标选择与打击提供情报支援，下设目标选择与打击组、测绘信息与服务组。目标选择与打击组的职责包括：收集、分析和传递战斗信息；为目标选择与打击提供情报支援并进行目标价值分析，基于野战炮兵旅指挥官高回报目标清单和攻击指导模型，形成目标获取标准、高价值目标和目标选择与打击数据；为野战炮兵旅作战参谋和火力部门防空空域管理分队改进地面和空中防御计划提供意见建议；通过确定目标获取系统准确度、目标位置误差和预期目标时间来完善目标选择标准；支持指挥官关键信息需求的形成，特别是优先情报需求。测绘信息与服务组的职责包括：通过生产合成障碍和相关地形分析模型支援野战炮兵旅战场情报准备支援火力部门和目标选择与打击小组；通过开发长期监视单位目标文件夹来支援情报和目标选择与打击小组情报以及目标侦察工作；为野战炮兵旅下属和支援单位提供地形情报。

作战和反火力部门由作战参谋领导，不仅关注野战炮兵旅当前作战实施，还指导实施反火力作战（如果野战炮兵旅被指定为反火力司令部），并负责协调拟制、颁布和传递所有野战炮兵旅标准作业程序、计划和命令。其职责包括：在支援上级或受援部队司令部当前作战时，实施火力任务（包括在受援司令部作战地域的特种作战）；计划、协调和控制野战炮兵旅战术运动；作为部队野战炮兵司令部的指挥网控制站；监视上级或受援司令部战术情况；为旅级维护通用作战图；接收和传递交战规则，火力支援协调措施，机动图以及其他情报感知信息；根据计划的、当前的、预计的或改变的任务，为其他部门人员提供情报数据；协调测绘和气象需求；向指挥官建议后勤支援的优先顺序；整合空中资源，进而支援野战炮兵旅任务；部署被配属的雷达、气象部门和支援火力与支援相关单位，包括使用"阿法兹"传递由旅情报参谋拟制的雷达部署命令；保持和更新下级和受援单位信息和数/话状态；监视建制内作战和目标获取资源加强情况；在野战炮兵旅（或受援司令部）作战地域为雷达建议和协调目标搜索地区，并就建立己方关键地域和召唤火力地域提出建议；支援野战炮兵和目标获取设施确保战术火力控制；为所有野战炮兵旅组织一体化数字火力，网络火力体系架构和战术标准作业程序；在受援上级司令部火力支援计划中监视计划火力步骤；协调单位中的所有火力核准；保持和更新禁止射击区域清单；同野战炮兵和目标获取设施保持数据连接；跟踪和保持对近距离空中支援情况的了解；跟踪和保持对海军水面火力支援情况的了解；申请评估报告；确保任务火力报告和炮兵目标情报报告的接收和执行；在支援特种部队时执行火力计划；为野战炮兵旅的计划和命令拟制附件A（特混编组）、附件C（作战）、附件C（作战）附录18（太空作战）、附件E（防护）、附件G（工程）、附件K（民事作战行动）、附件L（信息收集）。

3.3.3 作战与整合过程

作为条令的重要内容，本章从任务式命令、作战过程、目标工作、火力核准、空域管制、压制敌防空体系等几个方面进行了阐述。

1. 任务式命令

野战炮兵旅的任务式命令通常包括以下内容：上级或受援部队指挥官的意图及其作战构想；指挥官需要的重要信息和其他信息；火力支援任务；火力支援的优先顺序；火力支援协调措施；最低限度的协调指示。

2. 作战过程

野战炮兵旅的作战过程包括计划、准备、实施以及评估。

野战炮兵旅从上级司令部或受援部队司令部受领任务之后即开始制订计划。美军规定，火力支援计划制订是指不断分析、分配和计划火力的过程，用以说明火力如何使用从而便于机动部队行动，为了制订任务计划，野战炮兵旅指挥官必须遵守军事决策过程。

准备工作包括部队和官兵为了提高实施作战的能力而进行的活动。野战炮兵旅的准备工作主要包括：完善计划；监视与侦察；让下属明确要点和对要点进行反馈的推演；特混编组；训练；部队转移；对准备工作的检查核实；保障准备；对新官兵与部队进行整合。

实施就是将计划付诸行动，通过运用战斗力完成任务。指挥官运用态势感知评估最终进程并做出实施和调整的决策。野战炮兵旅能够同时进行进攻、防御和稳定作战行动。每种行动强调的重点程度因形势的不同而不同。野战炮兵旅无论就其建制内力量，还是就其从师、军或者其他上级得到的加强而言，都允许它在所支援上级司令部的作战地域内或者野战炮兵旅本身的作战地域内提供任务所需的火力支援。

评估是对完成某一任务、创造某种效果或达成某一目标进展的评定。评估有助于野战炮兵旅旅长及其参谋人员根据需要对作战行动和资源进行调整，决定何时执行预案和后续行动，并做出其他重要决策，以保证当前和后续作战与任务保持一致并取得预期结果。评估标准包括效能指标和性能指标。效能指标用以评估与最终态势完成度、目标完成度及预期效果程度有关的系统活动、能力及作战环境的变化。效能指标是确定野战炮兵旅行动是否正确、是否需采取额外的或者可选行动的标准。性能指标是指用于评估己方行动的标准，与评估任务的完成情况密切相关。性能指标是确定野战炮兵旅行动是否正确的标准。例如，某项性能指标可能会询问"野战炮兵旅的武器配置是否针对计划的目标，以及是否达到了预期的物理毁伤或者功能毁伤？"

3. 目标工作

目标工作是指根据作战需求和能力对目标进行选择、区分优先次序，并对其做出恰当反应的过程。野战炮兵旅并不单独开展目标处理工作，而是参与师、军或联合特遣部队目标处理流程。目标处理职能包括决策、侦察、打击和评估。

4. 火力核准

火力核准是受援指挥官确保火力或其影响不会对己方部队或机动计划造成意外后果的过程。火力核准保证可以打击敌人而不会导致己方人员的误伤。受援部队地面指挥官负责其作战地域内的火力核准，包括与其他空域使用者协调火力。火力核准必须获取以下信息：获取目标位置的最佳方法；主动识别敌人和目标；如果可能，跟踪观察目标；如果目标在部队战斗分界线之外，需要获得界外相关分队的许可。

5. 空域管制

空域管制是通过改善空域使用的安全性、有效性和灵活性，从而提升作战效能。空域管制通过促进安全、有效和灵活地使用空域，同时尽量减少对空域使用者的限制，从而提高作战效率。野战炮兵旅打击弹药的飞行路径延伸到指定空域外，进入通常由空中警告和控制系统或控制和报告中心控制的空域范围时，必须首先从空域管制当局指定的空域管制分队获得使用该空域的批准权限。野战炮兵旅火箭弹和导弹通常在师指定空域协调高度以上，并且这类弹药通常是野战炮兵旅执行任务的主体。为了完成野战炮兵旅任务，该旅理解上级司令部为每一次打击获取必要空域的方法尤为重要。

6. 压制敌防空体系

压制敌防空体系是指通过破坏性或扰乱性措施来压制、破坏或者临时削弱敌地面防空体系的行动。压制敌防空体系的作战要求对所有的火力支援手段和电子战系统进行协调。情报参谋军官与野战炮兵旅的情报小组一起向作战参谋军官、火力支援军官和火力支援小组提供需要打击的敌军防御威胁。这些信息，再加上空域使用信息，都由火力支援小组整合到压制敌防空体系的计划中。

3.3.4 作战运用

本章简述了影响野战炮兵旅作战的环境因素，概述了野战炮兵旅火力打击与反火力战问题，阐述了野战炮兵旅在防御行动、进攻行动和巩固战果行动中的火力支援问题。

1. 影响野战炮兵旅作战的环境因素

条令从8个方面简述了影响野战炮兵旅作战的环境因素。一是作战变量，主要包括政治、军事、经济、社会、信息、基础设施、自然环境和时间等因素，美军将这些因素概括为 PMESII-PT。二是任务变量。主要包括任务、敌情、地形与气象、部队与可用的支援、可用时间及民事考虑事项等，美军将这些因素概括为 METT-TC。三是威胁和风险。威胁可能是参与者、实体，或者是具备损害美国部队、国家利益或者本土能力和意图的部队；风险是可能造成伤害、疾病、死亡、设备或财产的损坏或损失的因素。四是武装冲突下的竞争。美军强调，战区陆军是竞争中计划和组织军队作战的主要组织；军队可以通过参加多国演习、进行人道主义救援和其他民事或军事活动、发展援助和训练交流，来支持安全部队援助或外国内部防卫；军以下陆军部队参与伙伴力量、政府和非政府组织以及平民来完成任务，建立友好关系，改善促进稳定的条件。五是统一陆上作战行动。统一陆上作战行动是在多领域同时实施进攻、防御、稳定和民事支援行动，以塑造作战环境、防止冲突、在大规模地面作战中获胜，并巩固作为统一行动一部分的战果。陆军是陆域的主要作战力量。六是联合作战。联合作战泛指由联合部队和其他未组建联合部队却明确规定相互指挥关系的军种部队所实施的军事行动。野战炮兵旅与联合部队和其他保障力量相结合，通过实施军级打击行动提供联合火力支援。七是多国作战。多国作战是一个公共术语，用于描述由两国或多国部队实施的军事行动的统称，该行动通常在同盟或联盟框架内进行。每个国家的力量都有其独特的能力，而且每一种能力通常都有助于该行动在国际或地方上的合法性。野战炮兵旅可能作为多国部队的一部分，担任支援或者被支援部队司令部。八是指定、衡量和维持主攻部队。指挥官通常面临有限战斗力竞争需求，可通过建立优先权限解决这些需求。指挥官建立优先权限的手段之一是指定、衡量和维持主攻部队。主攻部队是指定的下属部队，在特定时间给予任务，对于任务成功实施至关重要。主攻部队根据一定规模的战斗力来衡量。指定一支主攻部队可能包括加强任务编组与临时给予部队优先支援。指挥官可能指定其他优先力量，包括防空、空中支援与其他火力、情监侦、机动力与反机动力支援。

2. 野战炮兵旅火力打击与反火力战问题

野战炮兵旅火力打击是进攻作战和防御作战的一部分。通过提供远距离火力打击地面目标的能力，能够完成远距离攻防火力支援的战略保证和威慑任务。该火力为作战行动塑造态势，击败或者剥夺敌人威胁联合部队和多国部队部署的能力。打击行动通常会集中于敌人特定的编队，而且是持续数小时到数天的、有计划的行动。

野战炮兵旅在反火力战中的主要工作包括：根据军司令部的指示，通过保留军野战炮兵资产或分配给下属师级部队，对军反火力战资产进行战斗编组；通过下属军级部队与指定下属师级部队机动界限和作战地域，监督反火力作战行动的准备和实施；运用野战炮兵建制内资产和军支援、配属或作战控制军事情报部队和特种部队的情报收集机构，发现敌多管火箭炮营、直升机前沿作战基地和其他反火力目标；运用多管火箭炮/高机动性火箭炮、陆军航空兵、空军力量以及其他可以开展目标攻击的地面机动力量，来攻击敌火力支援系统；建议从上级、联合特遣部队或其他兵种获取额外传感器和攻击资产。

3. 野战炮兵旅在防御行动、进攻行动和巩固战果行动中的火力支援问题

防御作战中，野战炮兵旅通常以集中控制的方式进行编组，使野战炮兵旅旅长能够根据敌人的行动最大程度地保持灵活性，并在时机来临时能够集中火力以支援决定性作战。防御作战行动中野战炮兵旅一般考虑以下事项：在军纵深地域向接近的敌方部队投射火力；在敌实施火力准备前攻击敌远程间瞄火力系统；最大程度运用杀伤和非杀伤资产干扰敌指挥控制与攻击力量；实施反火力战以让敌间瞄火力无法影响受援指挥官防御行动；为联合和陆军航空攻击作战行动压制敌防空体系；提供多种通信连接以确保不间断火力；以全般支援兼加强的方式将野战炮兵旅属炮兵营编组至师炮兵野战炮兵营；提供火力支援至军保障与巩固地域。

支援进攻作战行动的火力需及时反应以支援机动部队，帮助上级或受援司令部夺取和保持主动权。进攻作战野战炮兵旅考虑事项包括：在初始攻击阶段开展密集和集中的准备射击；进行压制射击，以孤立决定性行动或主攻部队的目标，并在塑造性行动和支援攻击中牵制敌军；提供持续压制，支援攻击编队接近敌人；压制敌防空体系；补充下属部队反火力，以削弱或阻止敌有效运用炮兵和火箭炮；与其他军级资产实施远程火力；针对未投入作战

的敌指挥与控制节点，火力与防空网络，监视、侦察与目标获取资产进行火力打击以支援塑造性作战行动；提供多重通信网络确保不间断火力；运用打击力量攻击桥梁和其他机动通道以让敌机动方案受限。

巩固战果行动包括警戒和稳定行动，可能涉及对绕过敌部队和挫败部队残余力量的作战行动。因此随着警戒行动的推进，部队可能开始实施最低限度的稳定行动，之后过渡至预有准备的稳定行动。尽管巩固战果行动需要机动作战部队来运用火力和管理空域，但是其作战规模比大规模作战行动小。野战炮兵旅必须能够支援战斗行动并且持续巩固战果行动。

3.3.5 保障行动

1. 野战炮兵旅保障参谋

野战炮兵旅后勤参谋军官与旅支援营作战保障军官共同负责组织野战炮兵旅的保障行动。其中，保障小组运用保障系统为野战炮兵旅指挥官提供保障通用作战图，监视野战炮兵旅作战行动；人事小组负责维护与管理部队实力和其他人力资源，保管所有旅建制内以及配属给旅的人员档案；随军牧师为司令部提供宗教、道德和伦理方面的建议，为所有编配或配属的服务人员、家庭成员和授权的平民提供宗教支持；军医为野战炮兵旅陆军卫生系统运行提供参谋指导与监管，并与野战炮兵旅保障小组协调，将旅医疗支持与整体保障融合起来。

2. 旅支援营主要人员职责

旅支援营是野战炮兵旅的建制保障部队，主要负责向旅提供补给、油料和弹药支持，进行野战维修和清理战场，还须从外部来源获取燃料、净化水和旅作战行动所需的运输资产。

旅支援营营长是野战炮兵旅旅长的高级后勤参谋和旅保障行动的主要顾问，其职责主要有：向旅长就旅作战行动提出保障建议；对旅支援营参谋人员和野战炮兵旅后勤参谋进行指导，以有效实现指挥官意图；协同进行野战炮兵旅后勤保障；实施必要的后勤规划，以理解、可视化并描述作战环境；指导、领导和评估军事行动；跟踪和控制后勤行动；指导战术后勤支持和人力支援；对后勤保障的先后次序提出建议并维持后勤保障；协调旅支援营各分队的位置；指导野战炮兵旅保障参谋协调与上下级、支援与被支援及友邻部队的关系；定期向野战炮兵旅旅长及其司令部汇报有关后勤保障的最新情况；在任务完成后评估所属分队保障行动与人员战备情况。

旅支援营作战支援军官是协同所有编配或配属给野战炮兵旅作战的主要参谋军官。其职责主要有：为保障野战炮兵旅作战制订后勤计划；向上级指挥官提出后勤支援建议；与支援的保障旅协调当前及后续保障需求；负责战场情报准备时考虑保障和后勤注意事项；协助野战炮兵旅保障部门维护通用保障作战图；协调所有级别补给；监督、分析和评估维修进展与故障情况，并提出维修解决方案；协调、评估和预测补给需求；为特殊需求制订运输保障计划，如伤员后送或重型装备运输；协调食品准备、给水净化、殡葬处理、冰块运送、沐浴、衣物洗涤和修补工作；向指挥官建议优先保障次序；协调作战协议支援工作；与陆军装备司令部与国防后勤局协调，以取得野战勤务代表的支持；协助在野战炮兵旅各计划与命令中加入保障内容。

3. 补给品类别及其补给要求

条令规定，野战炮兵旅支援营为建制内、编配和配属分队提供后勤保障。

第一类补给品（给养）与水，野战炮兵旅会部署预先确定的补给数量，旅支援营会在合适的时间和地点派送合适的物资支援野战炮兵旅作战行动。

第二类补给品与第三类补给品（桶装），野战炮兵旅通常配有30天的普通消耗性补给品，连补给军士负责维护适当级别的二类补给品，尤其是核生化防护设备（1~3套）。如果这些设备出现在野战炮兵旅核定的补给品储备清单上，则由旅支援营提供。

第三类补给品（散装），野战炮兵旅后勤参谋军官根据当前及后续任务，预测部队48小时、72小时甚至96小时保障需求，然后将这一需求下达给旅支援营作战保障军官。前方支援连使用重型、宽体、机动、战术级卡车装载可装卸系统油料仓，将油料分发到前方各营、连、指挥所和配属部队。

第四类补给品（防护材料），野战炮兵旅在部署时，通常携带一定数量的第四类补给品，主要用于外围防线和关键阵地的防护。上述物资通常作为部队的基本携行物资，利用战斗车辆运输。连补给军士利用陆军全球指挥支援系统向旅支援营申领和补充第四类补给品。这些补给品在野战炮兵旅分发点分配给野战炮兵旅作战部队。如果需要，可利用下一批次的后勤运输车队向前运送补给品，或由当前的运输车队立即向前运输。

第五类补给品（弹药），弹药供给需求量是根据连后勤情况报告中的有关信息以及营长与营作战参谋的指示，由营后勤参谋决定的。野战炮兵旅后勤参谋根据营的需求报告，通过与野战炮兵旅作战计划人员协商，做出补给需求预测，并形成报告送交旅支援营作战保障军官。通过标准型陆军弹药系统，营后勤参谋为所属的前方支援连准备陆军部第581号报表（请求分发和回收弹药），用于弹药供给活动、弹药供给所或弹药运输所。由野战炮兵旅弹药运输所（通常在野战炮兵旅的保障地域内）提供前方支援连所需弹药。它们将随下一批后勤补给向前输送，必要时可立即前送。

第六类补给品（个人用品），主要包括但不限于卫生用品、洗漱用品、个人护理用品以及香烟、口香糖等。这些用品不一定对任务的成功至关重要，但影响军队士气和军人的舒适性。

第七类补给品（装备），野战炮兵旅作战参谋军官与后勤参谋军官根据指挥网传来的战损报告，通过部队标准作业程序补充第七类补给品。这样可以使指挥官能够时刻了解下属部队的作战状态，直接下发这些部队最急需的物资。补充的第七类补给品将送至野战炮兵旅的保障地域。野战炮兵旅后勤参谋军官与旅支援营作战保障军官要确定对武器系统（例如M270A1多管火箭炮）的补给方式是以基本形式补给，还是以追加批准项目清单的形式补给，或是以弹药班和战炮班的形式补给。

第八类补给品（医疗物资），通常情况下，医疗队装备3～5天的消耗性医疗物资，所有的连队也都配有全套战场救援包。作战开始阶段，医疗保障物资根据战区对伤员情况的估计送往医疗连，为野战炮兵旅及每个野战炮兵营医疗排提供区域保障。对单兵伤员所开的药物用量应能维持180天。

第九类补给品（维修零件），野战炮兵旅每个连队都为装备修理（如武器和电台维修）储备了战时备件。战时备件由规定携行物资表中列出的备件、可购零备件和消耗性备件组成。这些战时备件根据以往的需求经验，通常准备30天所需用量。连队的战时备件不在营一级内，而是直接在连一级统一补给。支援野战炮兵营的前方支援连也备有战时备件和可购零备件以便进行车辆、发动机和其他设备的维修。当需要时，连补给军士和维修人员通过旅支援营来补充战时备件和申领其他零备件。

第十类补给品（非标准物品），一旦野战炮兵旅被赋予稳定作战任务，野战炮兵旅后勤参谋军官与旅支援营作战参谋军官和民事参谋军官（如有）共同建立协调程序，确定订购（采购）或捐赠的人道主义援助数量。这些资源被列为第十类，用于人道主义援助和恢复当地正常生活。野战炮兵旅可使用军用车辆运输非军用物资。

4. 旅支援地域

野战炮兵旅支援地域内主要部署旅支援营，也可能部署野战炮兵旅预备指挥所（如设有）、营野战辎重队、前方支援连、防空力量、通信力量和其他来自上级司令部（师、军、联合特遣部队或其他旅保障部队）的保障分队。野战炮兵旅支援地域应选择在能够完成野战炮兵旅支援任务的地区，同时不影响野战炮兵旅各部队的战术行动或必须穿越野战炮兵旅区域的部队。

野战炮兵旅支援地域的大小因地形而变。通常，野战炮兵旅支援地域在师、军、联合特遣部队或旅其他保障部队的支援区域的主补给线路上，最好是在敌中型火炮的射程范围以外。野战炮兵旅支援地域的入口点位置应当远离敌方可能接近的道路。

旅支援地域要具有较好的掩蔽与遮盖条件、有用于疏散的地域、有利于车辆通行和保障行动展开的平整地面、有适合的直升机着陆区、有良好的道路网。

第 4 章
新版美国陆军野战炮兵条令体系蕴含的核心作战思想

创新军事思想、开发作战概念是美军推进军事转型和部队建设的关键抓手。近些年来，随着高端对手"反介入/区域拒止"能力的持续提升，美军先后提出十余种新型作战概念，如多域作战、分布式作战、马赛克战、决策中心战、敏捷作战等。在编写新版美国陆军野战炮兵条令时，这些概念所蕴含思想内涵都不同程度地体现在条令中，为我们研究美国陆军野战炮兵条令体系提供了一个更加宏观的视角。

4.1 多域作战思想

美军认为，未来作战与过去和当前的作战迥然不同。未来，美军可能与旗鼓相当的对手对抗，对手态势感知能力强，在杀伤力极强的战场上，运用精确制导武器，能够限制美军联合部队的机动和行动自由。对手将反击美军的空海优势，通过限制美军利用太空、网络空间和电磁频谱，并利用美军的弱点来削弱美军的关键能力。美军的作战方式就是协调运用技术侦察、卫星通信及空海力量，确保地面机动自由，并达成对敌优势。对手能力的发展将威胁联合部队的相互依赖，使美军长久以来的强点变成了潜在的弱点。过去，美军真正受到挑战的领域还是在地面，但在其他领域享有行动自由。当前和未来，随着技术的扩散，对手不仅要控制地面和空中，而且寻求控制海上、太空、网络空间、电磁频谱甚至认知领域。

运用多域作战思想，将使美军联合部队能够从相互依赖转变为真正的融合，在所有领域采取行动，给对手造成多重困境。为此，美军须贯通所有领域，在自己选择的时间和地点获得"领域优势的窗口"。从联合作战的角度看，美国陆军提出多域作战思想，也可以强化陆军在美军未来联合作战体系中的地位和作用，并借此构建新的作战和装备发展体系。美国空军和海军从

2009年开始,推动发展"空海一体战"构想。之后,陆军也被纳入进来,但陆军地位始终不及空军和海军,在"空海一体战"中作用有限,装备发展也滞后于这两者。为改变这种边缘化的局面,美国陆军提出了多域作战思想,在这个框架内,所有军种都能相互支持,破解共同的难题——随着精确打击武器的扩散,潜在对手的"反介入/区域拒止"能力越来越强。因此,多域作战思想对所有军种都有吸引力。

4.1.1 思想内涵

多域作战思想,是指打破传统军种领域之间的限制,在陆、海、空、天、电及网络六大作战领域拓展能力、扩大责任范围,以实现同步跨域火力和全域机动,其本质是整合空间,拓展能力。多域作战思想的核心要求是:美国陆军具备富有灵活性和弹性的力量编成,能够将作战力量从传统的陆地和空中拓展到海洋、太空、网络空间及电磁频谱等其他作战域,获取并维持相应作战域优势,控制关键作战域,支援并确保联合部队行动自由,从物理打击和认知作战两个方面挫败高端对手。

多域作战思想包括两个方面本质含义。一是强调所有作战域的协同行动。当前的作战环境已没有明显的单一关键作战域,在每个作战域都面临脆弱性和机遇。多域作战思想要求美军重塑联合作战概念,打破传统的以军种为核心的作战域边界。美军将尽量避免与对手开展诸如"导弹对导弹"等正面直接对抗。联合作战力量应能够同步协调行动,综合运用各种作战能力,在某个或多个作战域创建并充分利用稍纵即逝的作战机遇,削弱对手在多个域的作战能力。这就要求联合作战指挥官必须能够理解和塑造包含所有作战域在内的战场空间。二是突出陆军在联合作战中的地位。多域作战思想本质上仍是要扩展美国陆军在联合作战中的生存空间。在该思想的指导下,美国陆军不再是海空等其他军种的"援助对象",而是能够利用可靠前沿基地和丰富的战场信息,以及自身的跨域感知、目标识别和打击能力,协同和融合联合作战力量,参与、支援乃至控制其他作战域。具备多域作战能力的未来陆军将能向联合部队提供对空、对海、对天、电磁频谱和网络空间等跨域火力打击,并拦截导弹、击沉敌舰、压制卫星、甚至入侵或破坏对手的指挥控制系统。例如,陆军"帕拉丁"自行榴弹炮和"海马斯"自行火箭炮将发展打击海上目标的能力。

4.1.2 特点优势

美军对多域作战思想的界定是"在所有领域协同运用跨域火力和机动,

以达成物理、时间和位置上的优势。"美军判断,对手可能拥有抵消美军某一领域的优势,但很难从各个领域进行反制。第三次"抵消战略"和"多域作战"的实质就在于,使美军能够在所有作战域对敌实施多元化攻击,使其在各领域都陷入进退两难的境地。时任美国国防部副部长沃克曾将这种作战思路与拳王阿里的出拳风格进行类比,即阿里会绕着对手不断跳跃,快速腾挪换位,在避开对手攻击的同时,扰乱对手致其疲惫不堪,进而瞄准对手弱点重拳出击,决战决胜。基于这一逻辑,结合前沿技术支撑,多域作战主要具有以下特点优势。

一是作战要素跨域协同,多域融合。多域作战思想的特点不仅在于作战域的拓展,更在于推动作战要素从"联合"走向"融合",作战力量从"叠加"走向"集成"。美军认为,当前的作战环境已没有明显的单一关键作战域。未来战场的边界将日益模糊,独立战场空间逐步消失。多域作战思想要求美军打破传统的以军种为核心的作战域边界,各军种在陆、海、空、天、电及网络等领域拓展能力,进一步推动美军从军种联合向作战要素融合、能力融合、体系融合转变。美军要求联合作战力量要能够同步协调行动,综合运用各种作战能力,在某个或多个作战域创建并利用稍纵即逝的作战机遇,削弱对手在多个域的作战能力。

二是灵活机动,谋求非对称抵消。美军认为,在多个作战域保持绝对优势甚至在某一作战域实现完全行动自由都几乎不可能实现,而且也没有必要。美军要找出己方占据优势地位并且恰是对手薄弱部位的关键领域,坚决夺取该领域的优势,同时强调不追求对特定作战域全面全时控制,而是利用非对称优势,对局部关键领域进行掌控。事实上,指挥官只需要在特定时间节点创造暂时性的优势窗口,从而确保其实现任务要求即可。因此,多域作战思想提供了灵活的手段,给敌人造成多重困境,创造暂时性局部控制的窗口,以便夺取、保持和利用主动权。这是多域作战思想的重点所在。例如,新版FM 3-09《火力支援与野战炮兵作战》所强调的火力支援计划和协调原则之一就是"灵活性",要求"火力支援相关人员必须预测并准备迎接未来的不可预见事件,赋予临时任务和周密配置火力支援手段,可确保指挥官能灵活地应对战场环境的变化。"

三是突出陆军地位,拓展陆军能力。多域作战思想将突破由一个或两个军种主导作战的传统思维模式,与"空海一体战"明显的排他性不同,多域作战思想并不强调特定军种力量的决定性作用。在该思想下,美国陆军不再只单纯地接受其他军种的援助,还能够利用可靠前沿基地和丰富的战场信息,以及自身的跨域感知、目标识别和打击能力,协同和融合联合作战力量,参与、支援乃至控制其他作战域。陆军将具备击沉敌舰、压制卫星、拦截导弹、电子战乃至入侵或破坏敌方的指挥控制系统的能力。例如，目前美国陆军M109A7型155毫米自行榴弹炮已经装备了最大射程40千米的M982"亚瑟王神剑"制导炮弹，与其火箭炮500多千米、陆基中程导弹1700多千米的火力打击能力相配合，使美国陆军具备前所未有的防空反导和远程打击能力。

四是高度重视网络信息空间作战。可以说，网络信息空间构成了跨越多种作战域实施机动的"筋脉"。美国陆军在多域作战中高度强调网络信息空间对抗能力的作用，认为网络信息空间作战域对抗能力构成了多域作战思想的基础，没有网络就没有多域作战，因此，网络信息空间作战能力将成为陆军建设的关键领域，是陆军贯彻多域作战思想的重要突破口。目前，陆军已经投入大量资源对网络信息作战能力开展理论研究、组织构建、联合训练以及作战实验等工作，重点发展战术层面的网络空间与信息融合作战能力并且取得了显著成果，从而为多域作战思想的发展提供了现实能力基础。

五是战略资源向战术单位转移和集成。多域作战思想着眼跨域深度融合，将拓展到比以往更低的作战层级，实现战术级联合作战常态化。根据多域作战思想，美军通过任务指挥、作战编组和战术手段的变化，更加高效地促进多域作战力量在前沿作战单位集成，更加重要的是，赋予底层作战指挥官（通常是旅、营级指挥官）对战略资源实施指挥控制的能力，这本质上也是美军任务式指挥更加扁平化的客观要求。美军营级部队可以得到卫星和信号情报、电子战干扰力量、计算机网络攻击以及定向宣传信息作战力量的支持。美军认为，更低层级的"跨域协同"时效性更高，作战节奏更快，可在多条战线同时机动部署并展开，对于把握转瞬即逝的战机，破击敌体系有着至关重要的意义，更符合多域作战思想的需要。

4.1.3 具体体现

多域作战思想是美国陆军首先提出并正在极力贯彻的一种作战思想。目前该思想已经在多域转型、全域赋能、优化力量、调整战备训练模式、促进装备技术研发、建立多域行动原则等方面牵引美国陆军发展建设。

一是多域转型。美国陆军转型方向之一就是具备"多域作战能力"，为此，美国陆军今后数年的主要工作就是综合评估、整合资源、靶向建设。如，新版美国陆军野战炮兵条令体系中的顶层条令ADP 3-19《火力》直截了当地阐明，"陆军在所有领域内开展作战行动：陆地、空中、海洋、太空和网络空间（包括电磁频谱）以及信息环境""为了在多域作战中达成预期效果，陆军高层需要从多角度考虑火力作战职能,整合资产和效果,实现指挥官预期目的。"

二是全域赋能。按照美军规划,转型之后的美国陆军不仅要能够在多域作战,还必须在多域作战中取得胜利。为此,需要多域多维全方位提高陆军多域作战能力,不仅包括装备作战能力,还需重点关注指挥官的多域指挥能力。如 ADP 3-19《火力》强调,"指挥官要在多域环境中实施火力",并且论述了地对地火力、空对地火力、地对空火力、网络空间作战和电子战、太空作战、特种作战和信息作战的组织实施方法。

三是跨域协同。多域作战思想将联合作战的层级前推至分队级,这更加需要明确基层指挥官权责,使其具备跨域协同的能力。为此,新版美国陆军条令体系 ATP 3-19.24《野战炮兵旅》规定,"野战炮兵旅特业参谋包括火力支援军官、太空作战军官和防空空域管理军官。""太空作战军官隶属野战炮兵旅作战军官席位。针对指挥官的作战意图、作战概念、野战炮兵任务和太空威胁,就太空行动的能力、局限性、考虑因素和作战效果向指挥官和参谋人员提供建议和意见。"

4.2 分布式作战思想

分布式作战思想已经成为美军各军兵种的基本作战思想,成为教育训练、装备研发、编制改革等领域的指导,成为自美国为应对大国竞争而推出的"第三次抵消战略"而掀起的新一轮军事力量建设和军事斗争准备浪潮的牵引。其中,美国海军已经开始"分布式舰队"的转型建设。分布式作战思想之所以具有重大的理论价值和应用前景,体现在其提出了为适应新的战场环境和作战条件,作战兵力编组应从"集中式"向"分布式"转变,是"集中"这一古老军事原则在新的战争条件下的创新发展。分布式作战思想已得到各国军队的普遍认可和高度重视,原因在于该思想具有高度的科学性和针对性,直面未来战争的现实问题,代表了未来作战的发展方向。

美军指出,各军种相互封闭的作战网络极大地降低了美军在"反介入"环境下的作战效能,增加了作战体系的复杂性和成本;同时"反介入"环境也要求美军分散作战,以提高敌方侦察定位难度,提升美军联合部队的生存力。在这一背景下,美国各军种纷纷将目光聚焦到"分布式作战"上来,强调打造网络化联合部队,贯彻"布势分散化、效能集中化"的用兵原则,与敌方打分布式作战。这已成为未来美军联合作战的基本方式和重要特征。

4.2.1 思想内涵

分布式作战思想的实质，就是利用相互连通的作战网络，通过加强传感器、指控系统和武器平台间的互操作能力，在高度分散的作战体系中实现传感器和射手间目标数据的快速传递和实时共享，为作战单元提供分散的、一体化的和互为补充的作战能力。分布式作战中的"网络化"是指"作战网络"，它是传感器网、指挥控制网、打击网和支援保障网的综合集成。因此，分布式作战关注的重点是杀伤链的前端，即目标定位、识别、瞄准、跟踪，强调"利用信息""控制信息""保护信息"，与敌方争夺信息优势。

当前，美军"分布式作战"概念仍处于各军种独立发展的初级阶段，还缺乏在战役层面加以总体归纳和阐述。但分散部署和分布式作战作为未来美军联合作战的基本形式，并体现在"全球一体化作战""多域作战"等诸多作战概念中。其中，美国空军提出了"战斗云"概念；美国陆军则加紧打造"低层战术网络"，以提高战术级分队实施联合作战的能力；美国海军着眼增强遂行海上控制能力，提出了"分布式杀伤"和"多航母一体化分散作战"等概念。

4.2.2 特点优势

"分布式作战"由一种作战样式发展成为信息化战争的作战指导思想，是由作战网络支撑的信息化作战发展的自然结果。作战网络为广域分布的众多作战单元协同作战提供了物质基础。从此角度看，"分布式作战"是"网络中心战"思想的体现，也是"网络中心战"能力建设的更高阶段。分布式作战体系没有作战中心，这是兵力在地理上分散部署的结果。但是，同样拥有作战重心，也即支撑分布式作战体系能力的所在。由此可见，作战网络无疑是分布式作战体系的重心，是其"神"，而分布式作战体系表现为在地理上分散部署，只不过为其"形"。

一是作战编组"去中心化"。"分布式作战"立足于高强度作战，有很强的针对性，针对的是强大对手。与强大对手对抗，部队的作战重心或中心是对方的首要打击目标，因此，"去中心化"成为分布式作战和分布式部队的主导思想就成为必然。以美国海军为例，当前美国海军作战兵力编组以航母打击群、远征打击群和水面作战群为主要样式，前两者分别以航母或两栖攻击舰为核心组织和展开。实施"分布式作战"，相当于弱化了航母和两栖攻击舰的海上作战的核心角色和地位。"分布式作战"所依赖的作战信息网络由所有战场空间的各作战单元共同构建，这样，可大幅降低航母和两栖攻击舰这类高价值作战平台战时所承受的被打击风险，同时，作战体系也更具弹性和生存力。但是，"去中心化"并非否定航母和两栖攻击舰提供的海上空中力量的作用和地位。平台能力与其搭载能力密切相关。在可预见的将来，舰载空中力量所提供的侦察预警、目标指示、防空反导等能力，例如，F-35C 和 F-35B 隐身舰载机、隐身无人侦察机、舰载预警机、舰载电子战机等，仍需具有大飞行甲板的舰艇搭载，其他平台、武器和传感器难以替代。因此，所谓的"去中心化"，更准确地讲，是"弱中心化"。

二是分布式进攻与分布式防御。从攻防角度，"分布式作战"包括"分布式进攻"和"分布式防御"。实施"分布式进攻"，可实施多向、饱和打击，敌方防御体系难以承受。实施"分布式防御"，可进行全向、严密防御，敌方进攻力量无懈可击。"分布式进攻"更加难以防御。相比防御，进攻因占据主动，总是拥有一定优势的。现代条件下，远程精确打击武器发展迅猛，其作用距离常常超过防空反导体系，且具有先发优势和隐蔽优势，使得防御一方要承受更大的压力，这造成攻防之间的优势对比更加不平衡。"分布式防御"是防空反导体系的进一步发展。防空反导体系先天具有"分布式"特征，以更好地实现尽远发现、尽早预警、多次拦截。通过分布式、联网的防空反导作战，可进一步扩展防御范围，更优化配置侦察预警装备，更合理使用拦截武器，增大拦截概率，同时提高生存能力。

三是采用超视距作战样式。"分布式作战"必然是超视距作战。"分布式作战"要求大量作战单元在广阔区域内分散部署，实施多域协同。作战单元之间的距离，取决于特定的战场条件、作战对象、使命任务和装备状况，但必然是超视距的。超视距作战一直是海上作战的不懈追求，这是由海战场的广阔性和舰艇的高机动性决定的。海洋提供了无与伦比、得天独厚的全球连通空间，海军舰艇和飞机可在海洋上迅速、大范围地机动，这是其他战场空间无法比拟的。陆战场机动需要克服地形障碍，空战场机动需要机场作为支撑。事实上，海上作战，即使采用"集中式作战"样式，尤其是自蒸汽动力海军出现以来，海战场上的舰艇和飞机作战集群的作用范围就是超视距的。实现超视距协同作战，取决于海上超视距的连通手段。

4.2.3 具体体现

作战中，美国陆军野战炮兵既强调己方火力打击力量兵力部署的"去中心化""弱中心化"，又强调了对目标火力打击的"集中效果"。而且，条令中所强调的火力不仅仅包括陆军火力，也包括联合部队和多国部队火力。例如，ADP 3-19《火力》就援引 ADP 3-0《作战》对火力作战职能的定义，

"火力作战职能是在军事行动的所有领域内,通过整合陆军、联合部队和多国部队火力,在全域环境中对目标造成杀伤性或非杀伤性效果的过程。"ATP 3-19.24《野战炮兵旅》也强调:"联合特遣部队多方面整合联合火力支援,包括空对地、地对地、网络空间作战行动、进攻性太空管制、电子攻击、信息相关活动和非杀伤能力。野战炮兵旅与联合和其他保障力量相结合,通过实施军级打击行动提供联合火力支援。"

一是泛在网络提供体系支撑。泛在网络聚合各类终端的战场资源并提供服务能力,是战场环境、基础设施、武器装备、作战人员、保障资源等要素节点共享的"资源池"。为了打造这个"资源池",新版美国陆军野战条令 ADP 3-19《火力》中,专门用一章的篇幅明确"整合陆军、多国和联合火力",这其中虽然只谈到火力,但战场感知力量、指挥决策力量、精确打击力量以及综合保障力量显然也是"整合"的题中应有之义。

二是集中效果实施精确释能。分布式作战重视整体作战力量的精确运用。对美国陆军野战炮兵而言,运用广域分布式部署的射程达几百至几千千米的火箭炮、陆基中程导弹、高超声速武器共同对目标造成杀伤性效果,与运用广域分布式部署的网络空间作战和电子战、信息作战力量对目标造成非杀伤性效果相结合,既实现了己方兵力部署的"去中心化""弱中心化",又实现了对目标火力的"集中效果"。

三是打击重心倾向级联瘫痪。分布式作战首选打击敌作战体系的"命门"或"死穴",也即通过打击敌作战体系中的脆弱体系节点,产生由点到面级联瘫痪的崩塌效应。分布式打击的关键在于快速准确高质量地找到此类节点。新版美国陆军野战炮兵条令体系中,通过从上而下、从顶层到技术的一系列条令对此问题做了特别说明,如 ADP 3-19《火力》第三章第二节"目标工作"、FM 3-09《火力支援与野战炮兵作战》第二章第二节"目标搜索"以及 ATP 3-09.12《野战炮兵目标侦察》、ATP 3-09.36《联合火力观察员》、ATP 3-60《目标处理》都在反复强调选择敌作战体系脆弱节点的方法及程序。

4.3 马赛克战思想

马赛克战概念最初由 DARPASTO 在 2017 年 8 月公布,现已成为 DARPA 作战体系研究的顶层核心概念。其旨在发展动态、协同、高度自主的作战体系,逐步并彻底变革整个装备体系和作战模式。

4.3.1 思想内涵

马赛克战是一种主要针对高端对手"反介入/区域拒止"体系的兵力设计概念。马赛克战为体系化战争设计了一个全面的兵力模型,描述了马赛克式兵力的基本原则和组成,包括组织、条令、作战概念、武器系统、战术、技术、作战程序和特定战略下的兵力展现形式等。马赛克战旨在建立一支由高性能武器系统和大量分散作战要素为核心,可以灵活定制、跨域协同作战的混合兵力,加快美军行动速度,使美军在与高端对手的长期竞争中获胜。马赛克战的核心优势可概括为分布、动态与可更好地认知战场的复杂度。

一是力量分散。主要体现在马赛克战体系中杀伤链的很多功能分布在大量、小型、廉价、多样的武器装备平台上。由于这些平台分散部署,处于不同的地理方位,给作战带来了很多新的变化。在进攻性作战中,类似巡航导弹/小型无人机集群的作战形式,凭借数量上的绝对优势和功能/性能/价格上的相对优势,可以针对防御方遂行防区内作战(精确打击和电子战),完全打破了传统的防御体系运作模式;在防御性作战中,马赛克防御体系比较分散,可有效地扩大防御面积。

二是体系动态。马赛克战体系可根据战场上的实际态势,统筹调度各种资源,实时地进行"动态"分配,形成最优自适应杀伤网。用以面对不同程度、不同范围的冲突威胁,即从传统对抗到"灰色地带"冲突。另外,由于使用"体积小、成本低廉"的武器装备平台替代了"体积大、成本昂贵"的系统,当需要对体系中装备升级迭代时,不再是大周期式的,而是以小周期模式升级迭代。从而整个作战的装备体系将一直处于高度动态发展的状态。

三是灵活认知。传统的作战任务中各种武器装备的使命任务是"既定"的,鲁棒性和冗余也是事先计算好的。而在马赛克作战模式中,在整个作战体系层面,将利用认知技术(含计算、感知等)进行辅助决策,使整体的指挥控制更顺畅。未来巡航导弹(小型无人机)集群将有望可以根据实际情况真正"认知"地遂行任务,使得"战争迷雾"降低几个数量级,作战效率和灵活性获得了革命性的增强。

4.3.2 特点优势

马赛克战体现了去平台化、去中心化的思想,在体系构成、兵力生成、火力杀伤、指挥控制等环节均有显著变化,具备了一些鲜明特点。

一是体系架构具有较强自适应性和弹性。马赛克战可根据军事行动类型和任务需求,在战时近实时地重新排列组合数量众多、分散部署的作战要素,构建形成不同配置和不同表现形式的作战体系,为指挥官提供更有创造性、出奇的方式和手段,打乱对手的行动计划,实现其战略目标。体系中的某个作战要素或要素组合被摧毁时,体系仍能自动快速反应,形成虽功能降级但仍能互相链接,适应战场情景和需求的作战体系。同时,作战体系在完成任务后还可以解体,释放出作战要素,为下一次重构作战体系做好准备。一次作战活动中根据任务的调整变化,可能有多次作战体系"解体、重构"过程。

二是兵力生成速度加快同时成本降低。传统高性能武器装备是赢得现代战争的关键,但是规模有限。无论一架战机有多大能力,都不可能同时出现在两个或更多地点,而且战时核心装备一旦损失,就会面临全体系崩溃的可能。除高性能武器装备外,马赛克战也寻求采购大量结构简单、功能单一、可模块化组合的作战要素,一方面可以有效降低研制风险,缩短研制周期,提高采办效率,加快兵力生成速度;另一方面可以减少系统集成和测试需求,以及可能的体积、质量、功率、成本和冷却能力需求,降低装备采购和兵力生成成本。

三是杀伤网构建突出跨域感知与打击。当前,美军在空中、地面、水面及水下等作战域拥有众多杀伤链。这些杀伤链通常是线性的,并只在单个作战域发挥作用。杀伤链条中任何一个环节出现故障、错误,都将导致链条断裂,整个链条功能失效。马赛克战将这些杀伤链交叉重构,形成覆盖陆、海、空、天、网各作战域的杀伤网,使任意武器平台可获取任意传感器信息,实现跨域感知和跨域打击。杀伤网的节点高度分散,具有良好的韧性和较多的冗余节点,没有缺之不可的关键节点,对手很难对杀伤网进行致命性破坏。即使杀伤网中的部分节点被破坏,也不影响杀伤网发挥整体作战效能。

四是采用分布式指挥控制加快作战循环速度。马赛克战强调指挥体系向战术端放权,只考虑节点能力来编配作战杀伤网,弱化核心指挥节点和跨域指挥节点的作用,推动实现战术端跨军兵种联合作战体系。在保持网络连通性的前提下,只要能够形成闭合的OODA循环,就可以作为有效的杀伤链路。杀伤链路的构成只取决于作战任务的不同以及敌方作战能力的强弱,节点编配可以根据任务内容动态增减或者替换。马赛克战可以使美军摆脱对中心节点的依赖,增加判断和决策节点数量并尽量前移,加快OODA循环速度。

4.3.3 具体体现

美军高度重视马赛克战思想的实践运用,在新版陆军野战炮兵条令体系中主要表现在以下几点。

一是放弃对高端武器平台的"执著"追求。不同于以前版本对高新技术武器装备的"执著"追求，新版条令更加关注对军民通用技术的快速转化，对成熟技术的增量迭代。如美军"M777"火炮，其基本改造思路就是在成熟的 155 毫米火炮技术上，使用轻量化技术降低整车重量，而后加载运行智能算法和特定功能模块，运用"快速部署、快速撤收"的战法，使其达到媲美高端武器平台的作战性能，既整体上提高了武器平台投入产出的效费比，又实践了马赛克战思想的去中心化理念。

二是对炮兵战术通信产生巨大影响。相对于传统战术通信，马赛克战思想对通信组网模式有了更高的技术需求。如在上位条令 JP 6-0《联合通信系统》中明确，美军新一代战术通信组网，将"完全摒弃层次化网络结构，取而代之的是超级扁平化网络"。FM 3-09《火力支援与野战炮兵作战》第四章第六节中也专门增加了战术火力指挥"自组网模式"相关内容。

三是使作战控制更加无缝协同。在新版美国陆军野战炮兵条令体系中顶层条令 ADP 3-19《火力》中，通篇贯彻的火力指挥思想就是将联合作战的层级下沉至战术末端，通过数据在战术层面的自主跨域交换和无缝流转，让火力指挥控制环路动态、离散、敏捷、并行的特征更为明显，更加有利于实现各作战单元按需敏捷衔接、高效协同行动。

4.4　决策中心战思想

美国认为未来与某些世界大国的长期竞争愈演愈烈，在此竞争中，美国国防部负责人和专家认为，美军正在技术和作战方面趋于落后。为了重获优势，美国国防部正在寻求新的国防战略和作战理念以提高美军事能力，具体包括调整国防力量部署以及更好地融合空、地、海、太空和网络空间领域的作战行动。与其继续使用已经扩散到对手的能力和作战概念来与其他大国竞争，美国应该考虑采用新的可以取得长久优势的作战方法。

4.4.1　思想内涵

"决策中心战"，即以决策为中心的作战概念。概念认为，即使拥有信息优势，如果不能正确决策，也将失去作战优势。因此，"决策中心战"的制胜机理是保持己方决策优势，同时使敌方处于决策劣势，即要求己方的作战决策要求迅速而正确，同时想办法降低敌方决策速度和质量。决策中心战不着眼于摧毁对手力量，而是侧重于比对手作出更快更好的决策，给对手造成多重困境，使其无法实现目标。美国战略与预算评估中心在报告中指出，实现"决策中心战"概念需要有两个重要的技术基础。一是无人系统，二是人工智能。无人系统解决分布式作战的问题，帮助美军实施分散的军事部署，将传统的多任务平台和部队分散为数量更多、功能更少、成本更低的系统，满足兵力分散，作战单位和平台重组等需求。人工智能解决决策支持问题，通过将人工指挥与使用了人工智能的机器控制模式相结合的方式来解决"任务指挥"的局限性，简单说就是帮助指挥官在面对复杂战场局势的情况下快速作出正确的作战决策。"决策中心战"，即注重比对手更快、更好地进行决策，而不是以消耗为中心。"决策中心战"不是去摧毁敌方部队使其无法作战或胜利，而是给敌人造成多重困境，使其无法实现目标。"决策中心战"的核心是给敌方制造作战的多重困境，比敌方更好、更快地进行决策。当前以决策为中心的作战概念，如机动战，在威慑方面也可能比消耗的概念更有效。对手可以派出更多能力更强的部队，抗衡以消耗为中心的作战方法，并随后获得发动进攻的信心。因此，比起面对以消耗为中心的军事力量，潜在攻击者可能更容易被以决策为中心的军事力量吓阻，或者说更多的是被迷惑，不知道如何应对。

"决策中心战"的制胜机理是使敌方陷入所谓的"决策困境"。报告认为，在局部地区，某些高端对手占据导弹数量和质量上的优势，水面舰艇难以应对其发动的齐射打击。基于此，水面舰艇应在广阔海域更高效地机动，使得敌方即便掌握己方的态势信息，也难以判别作战意图，进而难以确定打击重心和防御方向。

"决策中心战"的作战目的是通过保持己方决策优势，同时使敌方处于决策劣势。"网络中心战"表明，如果缺乏信息，自然无从决策，就将失去作战优势；"决策中心战"则表明，即使拥有信息，如果不能正确决策，也将失去作战优势。"决策中心战"的作战样式是"指挥控制战"。水面舰艇部队应提高自身的决策能力，同时降低敌方的决策能力。决策的基础是指挥控制，因此，应加速己方、同时降低敌方的指挥控制链的运行速度。正如前美国空军作战司令部司令卡莱尔所称，"指挥控制是我们保持领先某些高端对手及其他潜在对手的领域，是未来的制胜关键。"前美国空军参谋长高德费恩称，"通过在陆、海、空、天、网络等多个作战领域创造多种多样、让敌人左右为难的局势的能力，可使敌方指挥控制失效。"

"决策中心战"的指挥方式可称为"以情境为中心的指挥"。所谓"以情境为中心"，是指根据所处情境，迅速分析战场态势、准确判明敌方意图，在此基础上，制订行动计划并组织实施。实施"以情境为中心的指挥"，即使通信中断，也可自主、高效、可靠地完成任务。实际上，这种指挥方式正是"决策优势"的集中和最高体现。

"决策中心战"的关键支撑是智能化辅助决策。报告构建了典型"决策中心战"场景：平台、武器和人员获取的信息，通过大带宽、高时效、低延迟的广域信息网络，经过"作战云"处理后，共建和共享通用战场态势图，以此为基础进行智能化辅助决策，同时，实施反情报侦察监视和反目标指示作战，或者通过剥夺敌方的信息优势进而剥夺其决策优势，或者造成敌方决策错误、失效或瘫痪，进而达成作战目的。信息化作战的要素多、协同复杂，只有智能化辅助决策才能满足"决策中心战"的自主、准确、快速决策的要求。

"决策中心战"的兵力基础是水面无人舰艇。报告认为，美军可能不再拥有数量优势，解决之道是大量使用自主/半自主系统和有人/无人混合编组。按照"决策中心战"构想，报告提出了新的水面舰艇部队构成方案。对标美国国会办公室于 2019 年发布的《美国海军 2020 财年造舰计划分析》报告，其中最引人注目之处，是大幅减少大型有人水面舰艇数量，自 104 艘降至 78 艘，同时，大幅提高大中型水面无人舰艇数量，其中，大型无人水面艇由 10 艘增至 96 艘，中型无人水面艇由 0 艘增至 110 艘。

4.4.2 特点优势

"决策中心战"概念着眼大国对抗的作战需求，立足维持和巩固美国的海上优势，旨在推动美军从"信息为中心作战"向"决策为中心作战"转变，从"掌控信息优势"向"掌控决策优势"转变。

一是瞄准大国竞争。"决策中心战"的作战对象直指有能力挑战美国的世界大国。近年来，这些国家的体系作战能力获得巨大提升，尤其是战场感知和远程精确打击武器技术的进步对美国及其盟国带来了威胁。相比之下，美国的技术和作战概念发展速度落后于对手，导致原来的优势差距被缩小。为了保持和扩大竞争优势，美军需要推出新的作战概念。

二是集中转向分散。美军当前的主力作战单元是陆军战斗旅、海军陆战队远征部队单元和海军航母打击大队，这依然是大规模和集中力量作战思想的体现。这种作战思想的劣势在于作战灵活性差，主力作战单元易被探测和跟踪锁定，导致作战部队的生存概率降低。相反，敌人面对这种作战单元，很容易作出打击高价值目标的作战决策。因此，美军的作战思想由集中向分散转变，海军的分布式杀伤概念、陆军的多域战和海军陆战队的远征前进基地作战都是这种作战思想的体现。

三是转变取胜理论。当前美军作战部队的兵力结构设计仍然体现的是消耗战斗思想，即通过消灭足够的敌人兵力使其无力再战从而达成胜利的目标。

报告建议美国国防部采纳新的取胜理论，对于与大国的竞争，美军不再谋求消灭对手的兵力，转而以阻止对手达成作战目标为取胜标准。例如，对敌人的作战核心环节（如指挥控制部分）实施延迟、降级和破坏措施，使其陷入决策困境，从而打乱其作战部署，使其丧失信心，放弃作战，己方取得胜利。

四是提高作战效能。概念认为美国在与高端对手作战的实战场景中，美军不可能做到网络中心战要求的战场无缝链接与感知的理想状态。前线（分散独立）部队失去与上级的联络，得不到上级作战指令的情况不可避免。前线指挥官在缺少参谋团队和网络信息保障情况下所作出的作战决策将是缓慢的、错误的和可被预测的，这时的网络中心战和集中决策的思想反而降低了作战效能。因此，提高前线指挥官的决策能力是取胜的关键。

4.4.3 具体体现

与美国国防部保持高度一致，美国陆军野战炮兵同样追求"保持己方决策优势，同时使敌方处于决策劣势"的作战目的，具体体现在以下几点。

一是智能化升级炮兵指挥控制系统，保持己方决策优势。上位条令 JP 6-0《联合通信系统》中明确，"要借助先进辅助决策系统，以此提高指挥官的决策质量"。新版美国陆军野战炮兵条令体系中 ADP 3-19《火力》第三章第二节也明确，"火力中心通过目标工作向指挥官建议目标工作指示表，查明目标，选择攻击目标并针对特定目标及系统协调、整合和分配联合、跨机构和多国火力。"而 ATP 3-60《目标工作》中，专门阐述了新一代炮兵指挥控制系统（"阿法兹"-7）的智能化能力提升及具体操作流程。

二是刻意制造战场迷雾，陷对手于决策困境。上位条令 ADP 3-0《作战》中，专门有一节"对敌制造多重困境"，详细描述制造困境的方式方法。而新版美国陆军野战炮兵条令体系中，虽没有直接安排章节论述"对敌制造多重困境"，但无论是炮兵分散式兵力部署，还是多域联合火力打击，无不渗透着制造战场迷雾，陷对手于决策困境的思想。

三是注重心理态势塑造，转变取胜观念。与以往追求有生力量的杀伤不同，新版美国陆军野战条令体系更加注重对敌心理态势的塑造。如顶层条令 ADP 3-19《火力》明确，"将'爱国者连'配置到前沿，通过展示远程火力，……可以向敌展示支援己方的能力，进而慑止对手制造冲突的行动。"

第 5 章
新版美国陆军野战炮兵条令体系的优势与局限

从 2019 年 7 月美国陆军正式颁布 ADP 3-19《火力》，到 2023 年 11 月颁布 ATP 3-09.32《联合火力：多军种火力联合运用的战术、技术和作业程序》，再到今天部分 ATP 3 技术条令还在持续更新之中，新版美国陆军野战炮兵条令体系日趋完善，组成体系各层级的条令逐步实现了从内容到形式的统一、标准和规范，不断强化野战炮兵条令体系的权威性、指导性和整体性。

5.1 优势

美国陆军新版野战炮兵条令体系总体结构简练、层次清晰，基本涵盖各种作战任务和一些重要行动样式，覆盖美军野战炮兵各级各类部队，既满足野战炮兵部队日常训练实践的需要，又满足对未来作战指导思想和基本战法等军事理论创新的需要。

5.1.1 体系完整，层级清晰

新版美国陆军野战炮兵条令体系，最顶层为陆军条令出版物 ADP 3-19《火力》，核心层为野战条令 FM 3-09《火力支援与野战炮兵作战》，技术操作层为 18 本 ATP/TC 系列技术条令。从关系上看，FM 3-09《火力支援与野战炮兵作战》对上承接美国陆军条令出版物 ADP 3-19《火力》，将 ADP 3-19《火力》条令对统一地面行动中美国陆军关于火力支援以及野战炮兵作战的系列规定具体化，为火力支援分队和野战炮兵部队在多域环境中开展统一地面行动中的大规模地面作战行动明确了行动原则和职能、为理解火力支援和野战炮兵在火力作战职能任务中的关键作用奠定了基础；对下衍生出 18 本 ATP/TC 系列美国陆军野战炮兵技术条令，用以阐述美国陆军野战炮兵在力量运用、装备使用、火力支援、目标工作，以及侦察、测地等方面执行具体任务、履行具体职责、完成具体工作的途径或方法。

5.1.2 突出火力主体地位

美国陆军强调：火力是一种作战职能，火力是有效实施作战行动所必不可少的。为此，新版美国陆军野战炮兵条令都强调了火力的作战职能问题、大规模地面作战行动中的火力支援问题、火力与作战行动过程相整合的问题。例如，美国陆军条令出版物 ADP 3-19《火力》，在开篇第一章就阐述了火力作战职能问题、阐述了大规模地面作战行动中的火力支援问题，在第三章则重点讨论了火力与作战行动过程相整合的问题。美国陆军炮兵野战条令 FM 3-09《火力支援与野战炮兵作战》，在第六章集中阐述大规模地面作战行动中的火力支援问题，在第三章集中阐述作战过程中的火力支援问题，两章的内容在篇幅上占条令正文内容的 60%。美国陆军野战炮兵 ATP/TC 系列技术条令，也都在相关章节对上述问题进行了专门阐释，并对相关技术问题进行了规范统一。

5.1.3 覆盖所有力量行动

虽然美军新版野战炮兵条令体系规范主体是野战炮兵所属各级力量，但在具体作战样式中，也可通过联合条令体系（JP），主体扩大至美军、美国，甚至联盟所属的所有力量。如 ADP 3-19《火力》中，第三章标题即为"整合陆军、多国和联合火力"，使用大量篇幅对火力计划军官在"火力计划、准备、实施和评估阶段"对全部火力资产进行整合，以条令法规的形式明确了火力协调的主体，进而在指挥架构、部队体制、人员编制等全方位保证了野战炮兵能够在联合地面行动中，有效协调空中、地面、两栖或特种作战、联合空中作战、联合机动作战和联合遮断作战等火力与效果，实现了火力与效果协调的一体化。

5.1.4 行文规范，风格统一

美国陆军野战炮兵条令注重运用较大篇幅详细阐述机构、人员的职能职责问题，以及部队、组织机构、人员在特定行动中应考虑的具体问题，以便规范人员的战术、技术作业程序。例如，FM 3-09《火力支援与野战炮兵作战》规定，火力支援协调官的职责主要有 15 项，火力支援分队的职责主要有 14 项，部队野战炮兵司令部的职责主要有 13 项；军事决策过程的任务分析阶段，火力支援分队的工作程序包括 10 项；军事决策过程的制定方案阶段，火力支援分队的工作程序包括 15 项；军事决策过程的分析方案阶段，火力支援分队的工作程序包括15项。此外,美国陆军野战炮兵大部分条令的篇末都有一个术语表。这些术语或者引自于联合条令,或者引自于军兵种条令,或者由本条令定义,而且要求引用术语在其定义之后的括号内注明定义该术语的条令编号,以便于读者查阅。同时,强调尽量保持与上位条令术语定义的一致性,对术语定义进行修订要专门作出说明。这保证了条令在术语使用上与联合作战相关条令和陆军相关条令的一致性,保证了专业术语的规范统一。

5.1.5 形式生动,内容丰富

美国陆军野战炮兵条令形式生动内容丰富,很多条令都附有美国将军的寄语和指挥官对条令的评述,体现了美军各级领导对条令的重视。例如,FM 3-09中就有杰克·N. 梅里特将军(野战炮兵)"先干活儿,清理战场后面再说"以及拿破仑·波拿巴将军"打仗就要全力去打,毫不留情;这是缩短战争的唯一方法,因而也就较为人道"。每部条令都有前言,包括条令的适用范围、目的和应用。如果是经过修订的条令,还会附有版本修订的时间和更改内容的汇总,以方便使用者进行新旧版本对比。据不完全统计,在新版美军陆军野战炮兵条令体系全部20本条令中,引用案例70余个,特别是在18本陆军技术出版物 ATP 3-09.XX 中,如 ATP 3-09.02《野战炮兵测地》、ATP 3-09.30《对可观察目标射击》、ATP 3-09.34《杀伤箱计划与使用》中,都有专门讲解案例的章节,其目的就是使美军官兵不至于在晦涩难懂的法规条文中迷惘,便于美军官兵掌握使用。此外,新版美军陆军野战炮兵条令体系中附图超过100余幅,以避免条令法规条文中大量文字性语句使读者产生歧义。

5.1.6 滚动编修,更新及时

随着作战形态、作战对手、作战环境、作战方式以及自身武器装备的变化,作战条令必须不断更新,才能适应部队作战训练的需求。同时,美军也强调,条令的更新并不一定是脱胎换骨的改变,而应是继承与创新的滚动式发展,以及对新思想、新理论、新技术加以贯彻运用。美军野战炮兵核心条令 FM 3-09《火力支援与野战炮兵作战》的发展演进就很好地体现了这一点。比如,1977年,为适应陆军提出的"积极防御"理论,美军出版了 FM 6-20《合成军队作战火力支援》,这是美国陆军专题规范合成军队作战火力支援的第1代条令;1983年,为适应"空地一体战"理论,美国陆军对 FM 6-20《合成军队作战火力支援》条令进行了修订;1988年,为进一步彰显"空地一体战"特色,美国陆军在对条令进行再次修订后,将其更名为 FM 6-20

《空地一体战火力支援》；2011年，为将海湾战争、伊拉克战争以来的"全频谱作战思想"体现到条令中，美国陆军在对条令进行再次修订后，根据新的条令编号规则，以 FM 3-09《火力支援》重新命名；2014年，因应"2015年条令战略"改革计划，美国陆军颁布第5代野战条令 FM 3-09《野战炮兵作战与火力支援》，将野战炮兵作战与火力支援作为同等重要的问题在条令中进行专门阐述；2020年，因应"大国竞争"背景下"大规模作战行动"需求，美国陆军颁布第6代野战条令 FM 3-09《火力支援与野战炮兵作战》，规范了多域环境下统一地面行动中大规模地面作战行动的火力支援和野战炮兵作战问题，并对火力支援问题进行特别关注与强调。

5.2 局限

美军建设陆军野战炮兵条令体系的初衷，是为了落地最新理论研究成果，结合战场环境，实现火力机构间的互通、协作、资源共享，指导联合火力的运用，最终达成联合作战目标。经过多年的发展，目前体系已呈现出结构较为合理，开发体系和程序较为完备，体系功能发挥比较充分的特点。然而，也存在下列问题。

5.2.1 条令体系与军事理论发展不相适应

军事理论是关于战争、国防和军队建设的系统化知识和理性认识，是军事实践的产物，指导军事实践的同时又接受军事实践的检验，并随着军事实践的发展而发展。历史反复证明，先进的军事理论是军事实践发展的先导。美军高度重视军事理论的创新发展，其不断推出的各种作战概念就是实证，但是野战炮兵条令体系的建设与美军军事理论的发展还不相适应。

1. 与"智能化作战"要求不相适应

美国陆军高度重视"陆军智能化"理论的发展，先后对发展战略、发展目标做出详细规划，甚至提前布局产业结构，以期为"陆军智能化"提供坚实理论牵引及物质基础。

一是发布战略规划。早在2015年，美国陆军在美国政府、美国国防部的战略规划牵引下，率先发布《2015—2040机器人和自主系统战略》，这是美国陆军发布的第一个人工智能指导性文件。紧接着，2017年美国陆军发布《机器人与自主系统战略》，2018年6月发布《美国陆军发展战略2028》，2019年发布《美国陆军现代化战略》，2020年发布《小型无人机系统（SUAS）战略》。这些文件详细规划了美国陆军如何将机器人与自主系统集成到未来部队中,使其成为陆军武器装备体系的重要组成部分;确立了机器人与自主系统未来发展的 5 个能力目标,明确了机器人与自主系统在近期、中期和远期的优先发展事项与投资重点。2021 年 10 月 12 日,美国陆军首席信息官办公室发布《美国陆军数字化转型战略》,该战略提出的愿景是利用创新性和变革性技术,创建一支能在联合多域作战中拥有压倒优势的"2028 年数字化陆军"。

二是设定发展目标。美国认为,"技术优势一直是美国军事优势的基础""新兴技术及应用正在加剧对抗升级""可能改变未来冲突";"加快技术创新是实现国防优先事项、确保国家长期安全的关键因素";"人工智能可能改变美面临威胁的速度""美国必须保持在人工智能领域的领先地位"。一要抢占人工智能领域主导地位。美国认为,人工智能技术已进入新的高速增长期,是公认最有可能改变未来世界的颠覆性技术;"未来的军备竞赛将是智能化竞赛""如果没有人工智能,美国主导地位将会被对手削弱"。2019 年 2 月,美国总统行政令《维持美国人工智能主导地位》强调,"保持在人工智能领域的领先地位,对维护美国经济发展与国家安全至关重要"。2019 年公布的美国《国防部人工智能战略》(2018 年制定)明确,对手大力投入人工智能发展,已威胁到美军技术与作战优势地位,"必须在人工智能领域取得决定性优势"。美国智库甚至建议"要像当年夺取太空竞赛主导权一样,夺取人工智能领域主导权"。二要塑造新型军事优势。美国认为,"新兴先进技术与创新作战概念融合,正在变革武力运用方式",需凭借人工智能技术塑造美军新型军事优势。2019 年 1 月,美国国家情报总监办公室发布《利用机器增强情报战略》,提出"利用人工智能为情报人员提供能力支持,确保情报领域的战略信息优势"。2023 年 3 月,美国参联会主席马克·米利在国防预算申请听证会称,"人工智能可在战略战役战术层面变革军事决策过程、快速迭代决策框架,强化美军决定性优势"。三要备战大国高端战争。美国认为,必须"打造人工智能能力成熟、战备就绪的部队",以打赢未来大国间的大规模、高烈度、高消耗、高技术、持久性高端战争。2021 年 3 月,美国人工智能国家安全委员会《最终报告》提出,到 2025 年"国防部要将人工智能整合至关键功能、现有系统、军事演习和兵棋推演中""作战人员要拥有基本的数字知识,可访问数字基础设施和软件,在演训、作战中充分集成人工智能能力"。

三是布局产业格局。美国《国防部人工智能战略》提出,要"严格定义未来冲突中预期的军事问题""快速采用人工智能增强关键任务领域的军事决策和作战能力""打造公共基础,扩大人工智能在国防部的影响""培养领先的人工智能人才""利用领先的商业人工智能能力,解决关键军事挑战"。一要增强关键军事决策与作战能力。美国陆军 2017 年发布《机器人与自主系统战略》，按照 2017—2020 年、2021—2030 年、2031—2040 年 3 个阶段，明确利用人工智能提升态势感知、减轻士兵负荷、增强作战保障、提升机动能力；2021 年发布《陆军未来五年人工智能需求》，明确 2021—2025 年人工智能发展将聚焦数据分析、自主系统、网络与通信安全、辅助决策能力等。二要建设通用人工智能基础设施。美国陆军《人工智能框架》提出，基础架构、软件基线、网络、数据缺乏互操作性和通用标准等问题，阻碍海军大规模应用人工智能，需着力解决标准化问题。三要利用商业人工智能优势。美国《国防部人工智能战略》明确，为找准技术投资方向，重点从 4 个方面引入商业人工智能力量：加强学术交流、孵化新型人工智能创新团体；降低行政壁垒，加强与商业界合作；与盟友协作开发部署人工智能，利用盟友伙伴提供的关键视角和人才；与开源团体合作吸引人才，扩大技术基础。

然而，虽然美国陆军在理论上甚至产业布局上走在了世界军事大国的前列，但通观新版野战炮兵条令体系，在其顶层条令 ADP 3-19《火力》及核心条令 FM 3-09《火力支援与野战炮兵作战》中，对"智能化"只字未提，更谈不上对美国陆军野战炮兵"智能化作战"进行任何指导了。

2. 与"大规模作战"要求不相适应

美军高度重视高端对手军事实力的发展，提出未来可预测的时间内有极大可能与高端对手进行一场大规模作战。为了应对此种情况，美军提出一系列"大规模作战"的核心要求。

一是"动态兵力运用"。美国 2018 年版《国防战略报告》，针对大国竞争正式提出"动态兵力运用"理念，企图通过动态灵活部署使用兵力，实现战略上可预测，但战役战术上不可预测。近年来，美军各军种都在落实"动态兵力运用"理念，指导本军种作战概念开发，并不断加强演练，其航母打击群、轰炸机编队等的部署和活动特点有很大变化，声称"没有任何值班表"。例如，2020 年以来美军改变 15 年来轰炸机常驻关岛的做法，用"轰炸机特遣部队行动"取代"轰炸机持续存在行动"，以增强不可预测性。B-52H 重型战略轰炸机、B-1B 远程战略轰炸机、B-2"幽灵"隐身轰炸机等主力轰炸机多次由本土起飞赴前沿训飞，停留 2~30 天后即返回本土，既提升了轰炸机大范围跨区机动奔袭能力，也改善了过去常驻前沿基地易被远程精确火力打击、出动即被发现的问题。"杜鲁门"号航母打击群试验开展"动态兵力运用"，部署周期从 7 个月压缩至 3 个月，部署频次增加，部署地点和时间间隔打破以往规律，航线和任务也随机变化，不可预测性明显增强。美军提出并全面落实"动态兵力运用"理念，战时其兵力部署周期缩短，调整变化加快，随机性增大，增加了对手预测研判其军事干预时机、方向，以及兵力数量、构成与布势等情况的难度，这给对手确定应对美军军事干预的规模和强度，以及应对时机、手段和方式等造成了更大困难。

二是"多域多向打击"。近年来，美军相继提出"敏捷战斗部署""远征前进基地作战""穿透性制空""自适应基地""前沿弹药油料补给点"等作战概念，形成了适应高端战争强对抗环境的新型战法。如，美印太空军、海军陆战队等军种航空兵，创新新型"跳岛"战法，瞄准对手战争体系和作战体系弱点，充分发挥自身战场广阔、基地众多和隐身作战能力突出的优势，对对手构成重大威胁。主要是：小型隐身作战编队，可能从A基地起飞发动攻击后，返回B基地加油挂弹再次出击，而后降落到C基地，每次不超过30分钟，"跳板基地"选择随机、攻击路径多向、攻击规模可变、攻击时间持续，增大了防范应对难度；小型隐身作战编队依托前沿"跳板"，避免耗时耗油长途奔袭，提高了隐身飞机平均出动率、前沿一线兵力密度，延长了有效制空时间；依托小型基地随降、随保、随战，减少对大型基地保障依赖，增强了行动灵活性快速性；将空中力量化整为零分散部署于大量小型基地，增强作战体系抗毁性，提升了高价值平台生存率。随着F-35C舰载隐身战斗机的列装，"敏捷战斗部署"概念向F-15、F-16战斗机和F/A-18战斗攻击机等非隐身飞机作战运用拓展，美军"跳岛"作战力量规模将进一步扩大。

三是"自适应杀伤网"。近年来美军试图应用人工智能、物联网、跨介质通信等先进技术，利用自身技术优势和高于对手的精细化作战管理能力，按照分布式作战理念，将作战功能更多分散到各种中小型无人平台，提升体系复杂度，主动制造复杂性多样性，大幅增加杀伤链组合数量，打造跨域自适应杀伤网，形成"多目标—多传感器—多射手"多链并行打击模式，在丰富自身作战选项的同时，使对手难以规避其多链跨域打击，从而置其于多重困境。以美军发展跨域反舰杀伤链为例，近年来美国海军提出"重回海洋"战略，把制海权争夺作为大国竞争时代首要任务，由"简单战场环境中近程低密度反舰"转向"复杂战场环境远程饱和反舰"，大力发展多类型打击平台和弹药。例如，反舰导弹发射平台以往以驱逐舰、战斗机和潜艇为主，现在则增加了轰炸机、海上巡逻机、运输机、远程火箭炮、无人艇、无人车等多种平台；反舰导弹以前主要是"鱼叉"导弹，现在则增加了反舰型精确打击导弹、远程反舰导弹、"标准"-6导弹、反舰型"战斧"导弹、"快沉"反舰型联合直接攻击弹药等多种弹药。

然而，虽然新版野战炮兵条令体系中多次出现"高端战争""大规模作战"等词汇,甚至其顶层条令 ADP 3-19《火力》引言的第一句话就是"大规模作战的胜利依赖于火力的有效运用",几乎可以看做是"开篇之纲",但深入分析美国陆军新版野战炮兵条令体系,对"高端战争""大规模作战"的研究大多停留在表面,体现"大规模作战"核心要求的条目不多。

5.2.2 条令体系与战场的贴合度不够紧密

美军提出要在高端战争中与高端对手打一场"让对手看不懂的战争",其实质就是试图通过组合运用各种战略、战役、战术和技术手段,有效制造复杂性、突然性和欺骗性,形成各种"怪招""阴招""狠招""绝招",重新打造大国竞争背景和新技术条件下的非对称作战优势,进而陷对手于多重困境。"知彼知己""知天知地",从美军角度分析,美国陆军新版野战炮兵条令体系还存在对高端对手研究不充分、对战场环境理解不深入的问题。

1. 对高端对手的研究不充分

2008 年 10 月,俄罗斯启动了大规模军事改革,旨在"重塑军队新面貌",努力将俄军打造成一支"精干、高效、机动"的新型现代化军队。

一是理顺了组织指挥关系,提高了作战指挥效率。俄军着力构建纵浅横宽、纵横一体的指挥关系。纵向上,压减指挥层级。陆军将基本战术兵团由师改为旅,指挥层级变为"战略司令部—战役司令部—旅"三级;空军设立旅级航空兵基地,指挥层级变为"战役战略司令部—空防司令部—旅/基地"三级;海军则撤销各大舰队下属的区舰队、分舰队指挥机构。横向上,理顺军种关系。改革后,空军空防司令部和海军各大舰队直接隶属各军区,由战役战略司令部直接指挥,奠定了诸军兵种联合作战的基础。

二是优化了军队编制结构,提高了部队作战效能。"新面貌"改革将重点放在优化部队编成结构上。俄军分析认为,"师团化"编制太大、太重、不灵活,因此决定全面实行"军旅化",组建新型作战旅。俄罗斯陆军借鉴美军新型旅建设经验,结合自身作战任务需求,以裁撤、缩编、拆分、加强等形式,将 23 个师、12 个独立旅改组为 113 个新型作战旅,仅保留部署在南千岛群岛的第 18 机炮师,基本实现"军旅制"。新型作战旅由模块化营战术群编成,拥有强大的战斗分队和侦察力量,以及火力压制、电子对抗等其他支援和保障分队,独立作战和机动能力大幅增强。空军、海军借鉴陆军"军旅制"改革模式,优化自身力量编成结构。此次改革,俄军各类作战旅全部按照常备部队的要求进行重组。其中,陆军撤销所有简编部队和"架子"部队,空军航空基地、空天防御旅和海军舰艇支队/大队全部被改编为常备部队,战斗准备时间由 24 小时缩短至 1 小时。通过"军旅制"和"常备化"改革，俄军基本实现了从补充动员型军队向快速反应型军队的转变，进一步提升了快反能力。

三是改进了教育训练模式，提高了军事训练水平。改革涵盖训练体制、训练周期、训练模式、训练内容和训练设施等方面，是俄军在训练方面的一次重要转型。新成立的四大军区在总参谋部统一领导下被赋予组织实施辖区内战役训练、跨军兵种联合训练和联合演习的职能。这种"依托军区搞联训"的模式与"依托军区搞联战"的体制更加协调匹配，联训水平更容易直接转化为联战能力。训练周期方面，俄军根据全军战备工作需要和具体任务，合理确定每支部队的开训时间。在全年任一时间都有部队战备值班，有部队休整，有部队远离驻地举行演练。组训方法上，俄军将部队投送至陌生地域进行跨区联合演练，部队训练实战化水平大幅提高。

然而，美军对于高端对手军事改革之后的研究成果似乎没有体现在美国陆军新版野战炮兵条令体系中。通过跟踪研究几代核心条令 FM 3-09《火力支援与野战炮兵作战》发现，调整变化的内容与高端对手的改革成果直接关系不大。

2. 对战场环境的理解不深入

军事实践充满各种复杂矛盾运动，把握战场环境的关联性、驾驭其复杂性是推动军事实践发展的基本要求。相形之下，现代战争战场环境的复杂性愈发突出，从条令体系建设的视角透视战场环境复杂性，切实找准发力重点、牢牢把握发展趋势，对于建设条令体系具有重要意义。新版美国陆军野战炮兵条令体系在此方面还存在诸多不足。

一是对作战样式的划分不够细。新版美国陆军野战炮兵条令体系中，关于作战样式的划分集中体现在核心条令 FM 3-09《火力支援与野战炮兵作战》中。该条令将作战样式划分为城市地形作战、山地作战、丛林作战、荒漠作战、夜暗作战、持续作战、寒冷天气作战。虽然以上作战样式的划分直接承接上位条令 FM 3-0《作战纲要》，但因为炮兵作战运用有其不同于陆军其他兵种的独特之处，特别是美国陆军野战炮兵还承担联合火力协调指挥与控制职责，所以应该对作战样式有进一步的区分。

二是对特殊地形的打法不具体。近期局部战争特别是俄乌冲突中亚速钢铁厂地下清剿战表明，城市作战中，地下军事设施错综复杂的结构、星罗棋布的分布，对炮兵武器装备效能的发挥造成极大干扰——暗弱无光的环境会降低情报侦察装备态势感知性能，导致微光夜视、光学瞄准等设备部分功能失效或完全失效，面临严重的战场环境"迷雾"；狭窄密闭的环境使得火力打击装备运用受限，常规重型兵器难以展开，单兵班组火力打击也面临可控毁伤难题，一旦威力过大，极易引起地下结构坍塌、有害气体燃爆；地下遮蔽的环境影响通信定位导航装备使用，无线信号传输损耗大、长波导航信号难以穿透，多径效应干扰严重，通信距离带宽减小，信号传输稳定性下降，难以满足强对抗环境下运用需求，等等。然而，2020年4月颁发，作为核心条令的FM 3-09《火力支援与野战炮兵作战》，在"城市地形作战火力支援注意事项"中，没有对此进行任何说明与指导也说明了该条令对于未来战场环境的理解不够深入，对于特殊地形的战法指导不够具体。

三是对新装备的地形适用性没有涉及。美国陆军高度重视野战炮兵的建设发展，近年来不断加大投入，为野战炮兵列装一系列新装备，期望野战炮兵能够成为其落实大国竞争战略、应对"均势对手"挑战、遂行多域作战任务的重要支撑。这些新装备包括增程火炮，由现役M109A7自行榴弹炮配用新型155毫米58倍口径身管和自动装弹机改进而来；精确打击导弹，该导弹的双模导引头在飞行中段更多采用无线电制导，在飞行末段采用红外成像制导，以进行目标点细化与目标识别；远程高超声速武器"暗鹰"，已经于2023财年部署1个装备首批8枚高超声速导弹的远程高超声速武器连，等等。然而，这些新装备对战场环境要求相对苛刻，美国陆军新版野战炮兵条令体系中对此没有涉及。

5.2.3 条令体系各阶段演变发展不够匹配

美军条令体系庞杂，虽然美军会定期发布条令体系的整体编修规划，但因为条令体系签发机构、开发团队涉及多层级、多领域、多频次，必然造成野战炮兵条令体系各阶段演变发展不够匹配。主要表现在以下两点。

1. 与上位条令的发展演变不匹配

2022年10月，陆军发布新版野战手册FM 3-0《作战纲要》，指导陆军应对美国到2030年面临的挑战并与之作战。新版条令将"多域作战"（MDO）定义为"运用联合军兵种和陆军能力，建立和利用相对优势，从而实现目标、击败敌军并代表联合部队指挥官巩固其优势"。新条令指导陆军应对美国到2030年面临的挑战并与之作战，强调针对在全域与美军联合部队具有抗衡能力的均势对手所采取的大规模作战行动。新条令要求陆、海、空、天、网作战域紧密协调，以击败与其实力相当的竞争对手。

然而，作为下位条令体系的美国陆军新版野战炮兵条令体系中，处于顶层条令的ADP 3-19《火力》颁布于2019年7月，处于核心条令的FM 3-09《火力支援与野战炮兵作战》颁布于2020年4月，亟需颁布新的版本以适应上位条令的发展变化。

2. 条令体系自身迭代发展不均衡

长期以来，美国陆军新版野战炮兵条令体系的结构组成中存在诸多战术、技术与程序，造成体系结构层次不清。这在体系规划准备和逐步形成两个演变阶段显得尤为明显。例如，在新版美国陆军野战炮兵条令体系中，分属第一级的 ADP 3-19《火力》与第三级的 ATP 3-09.32《联合火力》；同属第三层级的 ATP 3-09.24《野战炮兵旅》、ATP 3-09.50《野战炮兵加农榴弹炮连》与 ATP 3-09.70《帕拉丁作战》。仅仅从条令名称上根本看不出上述条令上位与下位的关系，如果颁发时间再有先后，很容易发生混淆，影响野战炮兵条令体系的权威性。

另外，作为基础条令的 18 本 ATP/TC 系列美国陆军野战炮兵技术条令，截至 2024 年 7 月只更新了 7 部。

附录
美国陆军野战炮兵术语

adversary 对手
对手是认定对己方怀有敌意的一方，可以预想到将与其发生武力对抗（JP 3 -0）。

air domain 空域
空域是从地球表面一直延伸到无法影响军事行动的大气层的高度（JP 3 -30）。

area of operations 作战地域
作战地域是由联合部队指挥官为地面和海上部队指定的作战区域，该区域幅员宽广，足以供部队完成任务和进行自身防护（JP 3 -0）。

assessment 评估
评估是针对完成任务、产生效果或达成目标情况，做出判断决策的过程（JP 3 -0）。

chief of fires 火力主任
负责为指挥官提供火力支援资源运用、必要指令拟制的建议，并为制订和完成火力支援计划提供咨询的师级以上高级火力官（ADP 3 -19）。

close area 近距离作战地域
近距离作战地域是大部分下属机动部队执行近距离作战，受指挥官管控的作战地域（ADP 3 -0）。

control measure 管制措施
管制措施是规范部队或作战职能的手段（ADP 6 -0）。

critical asset list 关键资产清单
关键资产清单是被定义为优先资产或优先地域的清单，通常在作战阶段确定，并由联合部队指挥官批准，相关的资产应免受空中和导弹威胁（JP 3 -01）。

cross - domain fires 跨域火力
跨域火力是在某一特定领域实施火力，对另一领域产生效果（ADP 3 -19）。

cyberspace 网络空间

网络空间包括己方、敌方、对手与常驻地网络、通信系统、计算机、移动电话系统、社交媒体网站与技术设施（JP 3-12）。

defended asset list 受保护资产清单

受保护资产清单是需要用可用资源进行保护的资产清单，该清单由联合部队指挥官从关键资产清单中按优先顺序进行确定（JP 3-01）。

fires warfighting function 火力作战职能

火力作战职能是在军事行动的所有领域内，通过整合陆军、联合部队和多国部队火力，在全域环境中对目标造成致命或非致命性效果的过程（ADP 3-0）。

information operations 信息作战

信息作战是在军事行动期间，整合运用信息相关能力，与其他作战行动配合，从而影响、干扰、瓦解和摧毁作战对手和潜在对手的决策制定过程，并保护己方部队不受干扰（JP 3-13）。

joint fires element 联合火力分队

联合火力分队是一支可供选择的参谋分队，为作战部门完成火力计划和实现同步提供相关的建议（JP 3-60）。

land domain 陆域

陆域是终止于地球表面高水位线且与沿海地区向陆地部分的海洋领域相重叠的地球表面区域（JP 3-31）。

maritime domain 海域

海域是大洋、大海、海湾、江口、岛屿、海岸区域及其上属空域，包括沿海地区（JP 3-32）。

multi-domain fires 多域火力

多域火力是将两个以上领域针对目标的火力打击效果相集中而产生的（ADP 3-19）。

navigation warfare 导航战

导航战为预有准备的防御性和进攻性行动，通过天、网、电作战行动的有效协调，确保和掩护定位、导航和授时等信息（JP 3-14）。

negation 压制

在太空作战中，欺骗、干扰、削弱、拒止或摧毁敌太空系统（ADP 3-19）。

offensive space control 进攻性太空管制

进攻性太空管制是进行太空压制的进攻性行动（JP 3-14）。

operations process 作战过程

作战过程是作战行动期间实施的主要指挥和控制行动：计划、准备、实施和持续对作战行动进行评估（ADP 5-0）。

space domain 太空域

太空域包括太空环境、太空资产以及需要通过太空环境进行作战的地球资源（FM 3-14）。

targeting 目标工作

目标工作是一项流程，是选择目标、确定打击目标优先顺序、为目标匹配合适的打击系统、考虑作战需求和能力的过程（JP 3-0）。

unified land operations 统一地面行动

统一地面行动作为统一行动的一部分，包含进攻、防御、稳定和民事防御支援等行动，在全域范围内塑造战场环境、预防冲突、大规模地面作战中占据主导以及巩固战果（ADP 3-19）。

airspace control 空域管制

（国防部）空域管制能力和程序，是通过改善空域使用的安全性、有效性和灵活性，从而提升作战效能（JP 3-52）。

airspace control authority 空域管制指挥官

（国防部）在空域管制区全权负责空域管制系统运行的指挥官（JP 3-52）。

airspace control order 空域管制命令

（国防部）实施空域管制计划的命令，确定获得批准的各种空域协调措施的详细要求。可作为空中任务命令的一部分颁发，也可作为单独的文件颁发（JP 3-52）。

airspace coordinating measures 空域协调措施

（国防部）为完成任务而采取的有效使用空域的措施，这些措施同时可以为己方部队提供安全（JP 3-52）。

airspace coordination area 空域协调区

（国防部）由相关的地面指挥官设立在目标区的三维空域。在这个区域，己方的飞机会相当安全，而不会受到己方地/水面火力的误击（JP 3-09.3）。

air interdiction 空中遮断

（国防部）在敌方军事潜力用于有效打击己方部队或达成其他目标之前将其牵制、中断、延迟或摧毁的制空作战。空中遮断在离己方部队一定距离的空域实施。在此距离上不要求每项制空任务都要与己方部队的火力和机动密切配合（JP 3-03）。

air liaison officer 空军联络军官

（国防部）配属于地面部队的高级战术空军控制组的成员，担任地面指挥官在空中作战方面的首席顾问（JP 3-09.3）。

allocation 分配

（国防部）在相互竞争的需求间进行有限力量和资源的分配，以供使用（JP 5 – 0）。

altitude 海拔

自平均海平面测量，某平面、某点或可看作一点的某物体的垂直距离（FM 3 – 09）。

area defense 地域防御

（陆军）一种防御样式，在特定时间内集中力量阻止敌接近指定的地域，而非立刻消灭敌军（ADP 3 – 90）。

army service component command 陆军军种部队司令部

（国防部）负责向联合部队指挥官提供关于作战司令部所需陆军部队的分配和使用建议的司令部（JP 3 – 31）。

artillery target intelligence zone 炮兵目标情报地域

炮兵目标情报地域是指挥官希望密切监视的敌方部署区域。在炮兵目标情报地域探测到的任何武器均要报告，除非它们来自关键友邻地带或火力呼唤区（FM 3 – 09）。

assign 编配

（国防部）将单位或人员安排在某一组织中，其安排相对固定，并/或由该组织对其中的单位和人员的主要职能或大部分职能进行控制和管理（JP 3 – 0）。

attach 配属

（国防部）将单位或人员安排在某一组织中，这种安排相对而言是暂时的（JP 3 – 0）。

attack 攻击

（陆军）摧毁或击败敌军部队，夺占并守卫关键地形的一种进攻性作战行动（ADP 3 – 90）。

attack guidance matrix 攻击引导矩阵

攻击引导矩阵为由指挥官批准的目标工作产品，解决如何以及何时打击目标，达成预期效果（FM 3 – 09）。

axis of advance 前进轴线

（陆军）一支部队的战斗力主力必须通过的大致区域（ADP 3 – 90）。

azimuth of fire 射击方位（射向）

用密位表示的方向，用于表示射击分队占领阵地时面对的方向（ATP 3 – 09.50）。

backbrief 情况简报

（陆军）下级向指挥官作简要汇报，以审查下级打算如何完成其任务（FM 6-0）。

battle 战斗

由一系列持续时间相对较长的交战组成，涉及的力量规模超过交战（ADP 3-90）。

battle handover line 战斗移交线

（陆军）从被越线部队向越线部队进行权责过渡的指定调整线，反之亦然（ADP 3-90）。

boundary 分界线

（国防部）一条划定地面区域的线，旨在便于在相邻的部队、编队或区域之间进行协调，以减少冲突（JP 3-0）。

breach 突破

（陆军）机动部队指挥官控制下的协同合成兵种行动，可协助机动部队穿过障碍物（ATP 3-90-4）。

call for fire 火力呼唤

一种标准化请求，用于获取目标火力所包含的必要数据（FM 3-09）。

call for fire zone 火力呼唤区

一块雷达搜寻区域，该地域内通常有指挥官想要攻击的敌方火力系统（FM 3-09）。

censor zone 检查地带

炮位侦察雷达禁止报告获取目标的区域（FM 3-09）。

characteristic 特征

（陆军）某组织或职能具有标志性的一类特点或品质，可以代表某一组织或职能（ADP 1-01）。

clearance of fires 火力核准

受支援指挥官确保火力或其影响不会对己方部队或机动计划造成意外后果的过程（FM 3-09）。

close air support 近距离空中支援

（国防部）由固定翼或旋转翼飞机对靠近己方部队的敌方目标进行的空中突击，它要求每次执行任务时都要与这些己方部队的火力与运动密切协同（JP 3-09.3）。

close combat 近距离战斗

（陆军）由直瞄、间瞄和其他装备支援的以直瞄火力战斗为主的地面作战

(ADP 3-0)。

close support 近距离支援

（国防部）支援部队对目标所采取的行动，在执行这种行动时，支援部队的攻击目标与受支援部队的距离非常近，因而要求该支援行动与受支援部队密切协同或配合。

collateral damage 附带毁伤

（国防部）对当下无法界定为合法军事目标的人员或其他对象的无意或伴随的损伤或损坏（JP 3-60）。

combat assessment 战斗评估

（国防部）对军事行动过程中兵力运用总体效能的确定（JP 3-60）。

combat power 战斗力

（陆军）某军事单位或编队在某一给定时间内，可使用的全部破坏性、建设性、信息能力手段。（ADP 3-0）。

command and control 指挥与控制

（国防部）上级正式任命的指挥官在完成任务的过程中，对编配和配属的部队行使职权和进行指导（JP 1）。

command and control system 指挥与控制系统

（陆军）指挥官按照指派的任务对所属部队作战行动进行计划、指导和控制所必需的设施、装备、通信手段、程序和人员（ADP 6-0）。

commander's intent 指挥官意图

（国防部）对作战目的或所期望的作战结局的简明表达，用以支持任务式指挥，为参谋机构提供工作重点，甚至是在作战行动并没有按照计划开展时，帮助下属和提供支援的指挥官采取行动，以达成指挥官的预期结果而无须进一步的命令（JP 3-0）。

common control 共同控制点

（陆军）目标区或阵地区内各点在地图或海图上的水平和垂直位置，这些点与两个或多个部队所使用的水平和垂直控制点相连接。可由射击、测地或射击与测地共同建立，或通过假设建立（ATP 3-09.02）。

common grid 通用坐标

（陆军）相对于一个单独的三维数据，在统一指挥下涉及的所有射击和目标定位要素，能描述准确性（ATP 3-09.02）。

common sensor boundary 通用传感器边界

由部队反火力司令部建立的一条线（由一系列方格坐标、网格线、调整线或主要地形特点来描述），用来在雷达获取管理区区分目标搜索区（FM 3-09）。

concept of operation 作战构想

（陆军）作战构想是用于指导下属部队相互协调完成任务并进行一系列使部队能够达到最终状态行动的表述（ADP 5-0）。

consolidate gains 巩固战果

（陆军）巩固战果行动是延续短暂性胜利并为稳定环境创设条件，促进控制权有效移交至合法机构的一系列活动（ADP 3-0）。

consolidation area 巩固地域

（陆军）地面作战指挥官所负责的作战地域中的一部分，可用于促进行动自由，通过决定性行动巩固战果，以及为将该地域移交给后续接管部队或其他合法机构创造条件（ADP 3-0）。

controlled supply rate 控制补给率

（陆军）就可利用度、设施和运输情况而言，可支撑的弹药消耗率。以每日每支部队、单兵或每车多少发表示（ATP 3-09.23）。

coordinated fire line 火力协调线

（国防部）是一条线，在该线以外，地面上的常规间接联合火力支援手段无需与该责任区建立该线的司令部进行额外的协调即可随时开火。建立火力协调线的目的是加快地对地火力对火力协调线以远目标打击的速度，而无须与目标责任区地面指挥官进行协调（JP 3-09）。

coordinating altitude 协调高度

（国防部）使用高度区分用户的一种空域协调措施，标志着不同空域管控方之间的过渡（JP 3-52）。

coordination level 协调水平面

（国防部）一套通过确定固定翼飞机低飞高度，用以区分固定翼和旋翼飞机的程序方法（JP 3-52）。

core competency 核心竞争力

（陆军）某分队或组织可向陆军作战行动提供的基本和持久的能力（ADP 1-01）。

counterair 制空

（国防部）综合运用进攻和防御行动来夺取并保持所期望的空中优势和防护程度的一项战区级任务，通过在敌方飞行器或导弹发射前后对其进行压制或摧毁来完成（JP 3-01）。

counterbattery fire 反炮兵火力

为摧毁或压制间瞄射击武器系统所投射的火力（FM 3-09）。

counterfire 反火力

（国防部）反火力是用于破坏或压制敌武器的火力（JP 3-09）。

countermobility operations 反机动作战

（陆军/海军陆战队）通过使用或加强天然和人工障碍物的影响，剥夺敌人行动和机动自由的诸兵种合成战斗队行动（ATP 3-90.8）。

counterpreparation fire 火力反准备

当发现敌人的进攻迫近时实施的预先计划的猛烈火力（FM 3-09）。

covert crossing 隐蔽穿越

（陆军）按计划穿越内陆水域障碍或壕沟，且不被敌方发觉（ATP 3-90.4）。

critical friendly zone 关键友邻地带

一片设有炮位搜索雷达的掩护地域，由机动部队指挥官指定，用以保护影响作战任务的关键资产（FM 3-09）。

cyberspace electromagnetic activities 网络空间电磁活动

（陆军）规划、整合和同步网络空间和电子战行动，以支援统一地面行动的过程（ADP 3-0）。

cyberspace operations 网络空间作战

（国防部）计算机网络能力的运用，其主要目的是在网络空间内或通过网络空间实现目标（JP 3-0）。

danger close 危险距离

（国防部）在近距离空中支援时，火炮、迫击炮和海军舰炮支援火力都是火力呼唤的方法，这说明友军部队已在目标附近。危险距离由射击的武器和弹药决定（JP 3-09.3）。

decisive operation 决定性行动

（陆军）能够直接完成任务的作战行动（ADP 3-0）。

deep area 纵深地域

（陆军）纵深地域是指挥官为未来的近距离作战获得成功创造条件的作战地域（ADP 3-0）。

defeat 击败

（陆军）使敌方部队无法实现自己的目标（ADP 3-0）。

defensive fires 防御火力

一种地对地间瞄火力，旨在扰乱已发现的敌方进攻准备（FM 3-09）。

defensive operation 防御作战

（陆军）击退敌方进攻、赢得时间、节省兵力，为进攻或稳定行动创造有利条件的作战行动（ADP 3-0）。

delay 迟滞

（陆军）在压力环境下，部队以时间换取空间，减缓敌人的冲击，将对敌人造成的伤害最大化，而无须当即与敌展开战斗（ADP 3-90）。

deliberate crossing 预有准备的穿越

（陆军）指跨越内陆水域障碍物或其他需要周密计划和细致准备的壕沟（ATP 3-90.4）。

denial operations 拒止行动

（陆军）拒止行动是阻碍或拒绝敌人使用太空、人员、补给或设施的行动（FM 3-90-1）。

denied, degraded, and disrupted space operational environment 拒止、降级和瓦解的空间作战环境

（陆军）太空辅助作战能力受敌对威胁或非敌对手段破坏的所有情况和影响（FM 3-14）。

deny 拒止

（陆军）拒止是阻碍或阻止敌人使用地形、太空、人员、补给或设施的任务（ATP 3-21.20）。

deputy fire support coordinator 副火力支援协调官

军和师级司令部以及战区火力司令部的高级野战炮兵参谋，负责就如何最佳利用现有的火力支援攻击/投射系统和下达必要的命令，向指挥官提供建议，并负责制订和执行火力支援计划（FM 3-09）。

destroy 摧毁

（陆军）物理上使敌部队失去战斗力，直到其被重建的战术任务。或者，破坏其战斗系统是指摧毁该系统以致其失去任何职能或在没有被整体重建时处于无法使用的状态（FM 3-90-1）。

destruction 摧毁

依据野战炮兵火力毁伤效果量化评估，摧毁是指一个目标产生30%的人员伤亡或物质损失，永久地或在较长时间内失去作用（FM 3-09）。

destruction fire 破坏火力

（陆军）交战部分中的一个要素，请求呼唤破坏火力；目的是为了对目标进行物理破坏（TC 3-09.81）。

direction of attack 攻击方向

（陆军）部队遵循的具体方向或指定路线，在攻击过程中不会偏离该方向（ADP 3-90）。

direct support 直接支援

（国防部）一支部队支援另一支特定部队的任务，并授权该部队直接响应受支援部队的支援请求（JP 3-09.3）。

（陆军）一种支援关系。要求一支部队支援另外一支部队，而且授权它对受支援力量所提出的帮助需求直接给予回应（FM 3-0）。

disintegrate 瓦解

（陆军）破坏敌指挥与控制系统，削弱敌实施作战的能力，加速敌作战能力的瓦解（ADP 3-0）。

disrupt 打乱

（陆军）破坏是一种战术任务。指挥官综合运用直瞄火力和间瞄火力、地形、障碍物扰乱敌人的队形或节奏，打断敌人的计划，使敌人的部队过早地行动或者发起分散攻击（FM 3-90-1）。

diversion 牵制

（国防部）将敌人的注意力和部队从主要的作战地点吸引开的行动；是用于吸引敌军注意力的攻击、警告或者佯攻（JP 3-03）。

dynamic targeting 动态目标工作

（国防部）进行目标工作太晚或未及时选定目标以采取行动，从而无法纳入预有准备的目标工作过程（JP 3-60）。

electromagnetic spectrum 电磁频谱

电磁辐射的频率范围从零到无穷大，分为26个用字母表示的波段（JP 3-13.1）。

encirclement operations 包围行动

（陆军）在作战中，由于一方能够通过控制所有地面通信和增援来孤立另一方，致使另一方失去机动自由（ADP 3-90）。

enemy 敌人

（陆军）敌人是确认怀有敌意并获准对其使用武力的一方（ADP 3-0）。

engagement authority 攻击权力

（国防部）授予联合部队指挥官的权力，可以委派给下级指挥官以批准攻击决定（JP 3-01）。

execution 实施

（陆军）通过运用战斗力完成任务将计划付诸行动并基于战场情况变化调整作战行动（ADP 5-0）。

exploitation 扩张战果

（陆军）通常在一项成功的攻击后实施的进攻任务，旨在使纵深之敌陷入混乱（ADP 3-90）。

field artillery 野战炮兵

（陆军）运用火炮、火箭炮，或地对地导弹发射架过程中涉及的设备、补给品、弹药和人员（JP 3-09）。

final coordination line 最后协调线

（陆军）靠近敌军阵地的一条调整线，用于在延伸或转移支援火力与机动分队最终部署之间进行协调（ADP 3-90）。

final protective fire 最后拦阻火力

（国防部）立即可用的预先安排的火力屏障，用来阻止敌穿过防御线或防御区（JP 3-09.3）

fire control 火力控制

（陆军）与计划、准备和实际使用作用于目标的火力有关的所有行动（TC 3-09.81）。

fire direction 射击指挥

（陆军）为实现对一个或多个目标实施有效打击而进行的战术火力运用，主要方法包括重叠射击和分段射击，主要手段包括选择弹药和决定射击诸元。

fire direction center 射击指挥中心

（国防部）指挥所的一个部门，包含火炮和通信人员及装备，指挥官通过这些装备进行火力指挥或火力控制。火力指挥中心接收目标情报和火力请求，并将其转换至合适的火力指挥。火力指挥中心提供及时有效的战术和技术火力控制支援当前作战（JP 3-09.3）。

fire for effect 效力射

（陆军）①表明期望效力射的指挥；②旨在对目标完成期望结果的射击（FM 6-40）。

fire mission 火力任务

（陆军）①作为已明确计划的一部分下达给火力单位的详细任务；②用于警示武器/炮位地域，说明接下来是火力呼唤信息的命令（FM 6-40）。

fire plan 火力计划

为使用部队或建制内的武器进行的战术计划，确保其火力能够得到协调（FM 3-09）。

fire support 火力支援

火力支援是直接对陆地、海洋和两栖及特种行动进行支援的火力，对敌兵力、战斗编组及设施实施打击，达成战术和战役层面的目的（JP 3-09）。

fire support area 火力支援区

（国防部）是由海上指挥官分配给火力支援舰船的一个适当的机动区域，火力支援舰船从该区域向岸上作战行动提供舰炮火力支援（JP 3-09）。

fire support coordination 火力支援协调

（国防部）火力支援协调是火力的计划和实施，从而确保有合适的武器或武器系统对目标进行充分覆盖（JP 3-09）。

fire support coordination line 火力支援协调线

（国防部）是一种火力支援协调措施，由相应的地面和两栖部队指挥官在与上级、下级、支援部队以及受影响的部队进行协商后，在其分界线内建立和调整。火力支援协调线是为便于在协调措施规定的范围以外快速打击地面临机目标而设置（JP 3-09）。

fire support coordination measure 火力支援协调措施

（国防部）是指挥官为便于快速地打击目标，同时又为友军部队提供安全保护而采取的措施（JP 3-0）。

fire support coordinator 火力支援协调官

陆军旅战斗队建制野战炮兵营指挥官，如果野战炮兵旅被指定担负师属野战炮兵司令部，野战炮兵旅指挥官则是师的火力支援协调官。在此期间，师火力主任作为副火力协调官在师炮兵司令部内协助他行使职责（FM 3-09）。

fire support officer 火力支援军官

从连到战区级的野战炮兵军官，负责在火力支援和火力职能事项上协助高级火力军官并向受支援指挥官提供建议（FM 3-09）。

fire support plan 火力支援计划

明确所有可用火力支援手段，并说明陆军间瞄火力、联合火力、目标搜索同机动如何整合从而便于达成作战成功的计划（FM 3-09）。

fire support planning 火力支援筹划

不断地分析、分配和计划火力的过程，用来说明火力如何使用从而便于机动部队行动（FM 3-09）。

fire support station 火力支援站

（国防部）火力支援区内的一个确切的海上位置，火力支援舰船向该地区发射火力（JP 3-02）。

fire support team 火力支援小组

（国防部）火力支援小组是为每个机动连/部队和选定部队提供的野战炮兵小组，负责计划和协调部队可用的所有支援火力，包括迫击炮、野战炮兵、海军舰炮火力支援和近距离空中支援一体化（JP 3-09.3）。

fires 射击

(国防部) 使用武器系统对目标造成特定的致命或非致命效果 (JP 3-09)。

firing chart 射击表格

(陆军) 射击表格是地表某部分的图像化显示,用以决定距离 (或射程) 和方向 (方位角或磁偏角) (TC 3-09.81)。

flexibility 灵活性

(陆军) 运用一系列能力、编队和装备来实施作战行动 (ADP 3-0)。

flexible deterrent option 柔性威慑选择

(国防部) 一种计划构想,旨在通过制定一系列相关响应程序以便于早期决策制定,开始于以威慑为目标的行动,并周密地进行调整以产生预期的效果 (JP 5-0)。

flexible response 灵活反应

(国防部) 军队根据现有情况采取适当行动,对敌人的任何威胁或进攻做出有效反应的能力 (JP 5-0)。

force field artillery headquarters 部队野战炮兵司令部

一个由受支援部队指挥官制定的营或营以上单位,该指挥官负责明确其任务期限、职责和责任 (FM 3-09)。

force projection 兵力投送

(国防部) 将国家的军事力量从美国本土或其他战区进行投送以满足军事行动需要的能力 (JP 3-0)。

force tailoring 兵力匹配

(陆军) 确定正确的兵力组合以及配置顺序以支援联合部队指挥官的过程 (ADP 3-0)。

forcible entry 强行进入

(国防部) 在武装对抗中夺取并控制某一军事立足点,或强行进入拒止区域,以便为完成任务进行行动和机动 (JP 3-18)。

foreign internal defense 外国内部防卫

(国防部) 政府或国际组织的民事和军事力量参与东道主国政府为保护其社会免受颠覆、非法行动、暴动、恐怖主义和其他安全威胁而执行的任何计划和活动 (JP 3-22)。

foreign security forces 外国安全部队

(陆军) 是指部队,但不限于部队,包括军事、准军事、警察和情报部队;还包括为东道国及其相关人群提供安全保障,或支援地区安全组织任务的边防警察、海岸警卫队和海关官员、狱警和惩教人员 (FM 3-22)。

forward air controller (airborne) 前方航空控制员（机载）

（国防部）经过特定训练并合格的航空军官，通常是战术空中控制组的空中延伸，负责在飞机交战的空域管制对地面部队进行近距离空中支援的飞机（JP 3 – 09.3）。

forward edge of the battle area 战斗地域前沿

（国防部）部署地面作战部队的一系列地域（不包括掩护或警戒部队行动的地域）的最前沿，用于协调火力支援、部队的配置或机动（JP 3 – 09.3）。

forward line of own troops 己方部队前锋线

（国防部）一条地线，标示出在某一特定时间进行任何军事行动的己方部队最前面的阵地位置（JP 3 – 03）。

forward observer 前方观察员

（国防部）配置在前线部队，经过训练后，可校正地面或海军舰炮火力并回传战场信息（JP 3 – 09）。

fratricide 误伤

（陆军）己方部队火力无意中杀死或伤害己方部队或中立人员（ADP 3 – 37）。

free – fire area 自由射击区

（国防部）一个指定的区域，在该区域内任何武器系统都可以射击，而无须事先与组建的司令部协调（JP 3 – 09）。

function 职能

（国防部）某组织机构在设计之初、经过装备和训练后形成的主要的、一般的、持久的责任（JP 1）。

general support 全般支援

（国防部）向整个部队提供支援，而非只对该部队的某一个部分进行支援（JP 3 – 09.3）。

general support – reinforcing 全般支援兼火力加强

（陆军）在（本部队隶属的）炮兵担负使用火力支援整个部队之外，再加强另一相似类型的炮兵部队火力的支援关系（FM 3 – 0）。

graphic control measure 图表控制措施

在地图上利用规定的标号表示对部队或作战职能进行控制（FM 3 – 0）。

harassing fire 妨害射击

一种用来扰乱敌部队的休息，减缓其运动的射击行动（FM 3 – 09）。

hasty crossing 急速渡河

（陆军）使用现有的或易于获得的渡河工具渡过内陆河的行动（ATP 3 – 90.4）。

high – payoff target 高回报目标

（国防部）敌人一旦失去该目标，则会对己方行动成功产生重大意义（JP 3 – 60）。

high – value target 高价值目标

（国防部）敌指挥官为成功完成任务所需的目标（JP 3 – 60）。

hybrid threat 混合威胁

（陆军）常规部队、非常规部队、恐怖力量或敌分队的多样动态组合，联合行动以实现双向收益效果（ADP 3 – 0）。

indirect fire 间瞄火力

（陆军）射击武器不能通视目标的火力（TC 3 – 09.81）。

interdiction 遮断

（国防部）在敌人的地面军事潜力被有效地用于对付己方部队之前，将其牵制、瓦解、迟滞或摧毁的行动（JP 3 – 03）。

interdiction fires 遮断射击

用以瓦解、迟滞或摧毁敌部队（FM 3 – 09）。

isolate 分割

（陆军）从支援力量上分割部队，以减少效能并增加失败概率（ADP 3 – 0）。

joint fires 联合火力

（国防部）为产生预期效果以支援共同目标，在协同行动中由来自两个或两个以上军种组成的部队同时投射的火力（JP 3 – 0）。

joint fires observer 联合火力观察员

（国防部）经过训练的军种人员，能够申请、调整和控制地对地火力，为2型和3型近距离空中支援终端攻击控制和支援终端引导行动提供目标信息（JP 3 – 09.3）。

joint fires support 联合火力支援

（国防部）使用联合火力协助空中、地面、海上和特种作战部队的运动、机动以及控制领土、人口、空域和关键水域的行动（JP 3 – 0）。

joint force land component commander 联合部队地面组成部队指挥官

（国防部）联合司令部、下属联合司令部或联合特遣部队内的地面组成部队指挥官，向联合部队司令官负责，就合理运用在编、配属和/或为完成任务而编配的地面部队提供建议，制订计划与协调地面作战，或者根据具体任命完成此类作战任务（JP 3 – 0）。

joint force commander 联合部队指挥官

（国防部）授权对一支联合部队行使作战指挥或行动控制权的作战指挥

官、联合司令副官或联合特遣部队指挥官（JP 1）。

joint targeting coordination board 联合目标定位协调委员会

（国防部）联合部队指挥官组建的一个小组，负责完成一系列目标监视任务。这些任务包括（但不仅限于）协调目标信息、提供目标指导、同步行动、优先次序以及修改联合一体化优先目标清单（JP 3 - 60）。

joint terminal attack controller 联合末端攻击引导员

（国防部）从靠前的位置指引作战飞机参加近距离支援和其他进攻性空中作战的合格（经过认证）现役人员（JP 3 - 09.3）。

kill box 杀伤箱

（国防部）是一个三维立体区域，旨在便于整合联合火力（JP 3 - 09）。

large - scale combat operations 大规模作战行动

（陆军）作战范围、规模或投入兵力意义上的大规模联合作战行动，是旨在实现战役和战略目标的战役（ADP 3 - 0）。

large - scale ground combat operations 大规模地面作战行动

（陆军）有多个军或师的兵力参与的持久作战行动（ADP 3 - 0）。

law of war 战争法

（国防部）国际法的一部分，用于管制武装冲突行为（JP 3 - 84）。

level I threat 一级威胁

（陆军）一支小型敌军，通常在梯队支援地域作战的部队或己方部队基地和基地群建立的周边防御系统都可以将其击败（ATP 3 - 91）。

level II threat 二级威胁

（陆军）一支敌方部队或敌方活动，当得到反应部队加强时，可以被基地或基地群的防御能力击败（ATP 3 - 91）。

level III threat 三级威胁

（陆军）超出基地和基地群以及任何当地预备部队或反应部队防御能力的敌军部队或活动（ATP 3 - 91）。

limit of advance 进攻控制线

（陆军）用于控制向前攻击进程的阶段线（ADP 3 - 90）。

line of contact 接触线

（陆军）用以描绘己方和敌方部队交战位置的大致轨迹（ADP 3 - 90）。

line of departure 出发线

（国防部）地面作战中，为协调进攻部队的出发而指定的一条线（JP 3 - 31）。

lodgment 立足点

（国防部）指在敌方区域或潜在敌方区域内指定的一个地域，夺取和控制该区域有助于部队和物资的连续登陆，并为后续作战行动提供机动空间（JP 3 – 18）。

main battle area 主要战斗地域

（陆军）战场的一部分，击败敌军的决定性战斗在这里进行。对于任何特定的司令部而言，主要战斗地域的范围从战斗地域前沿向后延伸到司令部所属部队的后方边界线（ADP 3 – 90）。

main effort 主攻部队

（陆军）特定时间点指定完成某项任务的下属部队，这一任务对于整体任务的成功至关重要（ADP 3 – 0）。

massed fire 密集火力

（国防部）数件武器对同一点或同一小块地区进行的射击（JP 3 – 02）。

measure of effectiveness 效能指标

效能指标用以评估与最终态势完成度、目标完成度及预期效果程度有关的系统活动、能力及作战环境的变化（JP 5 – 0）。

measure of performance 性能指标

（国防部）性能指标可以评估己方部队的任务完成情况（JP 5 – 0）。

mensuration 测地

（国防部）对地球上地貌或位置测量的过程，得出绝对的纬度、经度和高度（JP 3 – 60）。

mil 密位

（陆军）密位为角度的一种测量单位，一密位是一个圆周的 1/6400，因其精确性和密位公式而广泛使用，依据是每 1000 米对应的一密位角度（TC 3 – 09.81）。

military deception 军事欺骗

（国防部）指故意误导敌方军事、准军事或暴力极端组织决策者的行动，使其采取特定行动（或不行动），从而有助于己方完成任务（JP 3 – 13.4）。

mobile defense 机动防御

（陆军）一种防御行动，重点旨在由进攻部队对敌发起决定性打击行动，以摧毁或击败敌人（ADP 3 – 90）。

movement to contact 接敌运动

（陆军）一种进攻性行动，旨在发展态势，建立或恢复与敌接触（ADP 3 – 90）。

multinational operations 多国行动

（国防部）用于描述由两国或多国部队实施的军事行动的统称，该行动通常在同盟或联盟框架内进行（JP 3 – 16）。

mutual support 互相支援

（国防部）各个部队所受领的任务和阵地之间、与敌人之间相互联系，并与内在的能力相互关联，在打击敌人时，应该提供相互帮助的支援关系（JP 3-31）。

named area of interest 指定关切地域

（国防部）能够收集信息以满足某一特定信息需要的地理区域、系统节点或链路，常用于收集敌军行动计划的迹象（JP 2-01.3）。

naval surface fire support 海军舰炮火力支援

（国防部）由海军水面火炮和导弹系统提供的用以支援某一部队或数支部队的火力（JP 3-09.3）。

neutralization 压制

依据野战炮兵火力毁伤效果量化评估，压制是指一个目标产生 10% 的人员伤亡或物质损失，在较短的时间内失去作用（FM 3-09）。

neutralization fire 压制火力

使目标失能或失效的火力（FM 3-09）。

neutralize 压制

（陆军）一项战术任务，旨在使敌方人员或物资失去干涉某一特定作战行动的能力（FM 3-09-1）。

no-fire area 禁止射击区

（国防部）是由相应的指挥官指定的禁止火力或其效果进入的某个区域（JP 3-09.3）。

nonlethal weapon 非致命武器

（国防部）明确设计并主要用作使人员或作战物资丧失功能的武器、设备或弹药，同时减少死亡、对人员的永久伤害以及对资产和环境的意外损害（JP 3-90）。

objective 目标

（陆军）用来指导作战、推进作战、促进方向改变和行动统一的具体位置（ADP 3-90）。

observed fire 可观测火力

观察员能看到弹着点或炸点的火力，通过观察可对这种火力进行控制及修正（FM 3-09）。

observed firing chart 观测射击表

（陆军）彼此间相关的所有部队和目标火力试射数据表格（TC 3-09.81）。

obscuration 干扰

（陆军）指在环境中使用的材料会降低电磁频谱选定部分内的光学和/或电光能力，以拒绝敌人或对手的捕获或欺骗敌人或对手（ATP 3-11.50）。

offensive fires 进攻性火力

地对地间瞄火力，旨在先发制人，以支援机动部队指挥官的作战构想（FM 3-09）。

on-scene commander 现场指挥官

（国防部）在包围行动附近的个人，临时承担行动指挥权（JP 3-50）。

operation assessment 作战评估

（国防部）一个连续的过程，衡量在军事行动中为实现既定目标而使用能力的总体有效性（JP 5-0）。

operational control 作战控制

（国防部）行使对下级部队一些指挥功能的权利，包括组织和使用指挥机构与部队、下达任务、分配目标，以及给予完成任务所需的控制指挥权（JP 1）。

operational environment 作战环境

（国防部）作战环境是各种情形、状况以及会影响能力运用和指挥官决策等条件的综合（JP 3-0）。

operations in depth 纵深作战

（陆军）在整个作战地区域内同时运用作战力量（ADP 3-90）。

organic 建制

（国防部）对陆军、空军及海军陆战队而言，一个单位的建制部分是指列入编制表中的基本部分。对海军而言，一个单位的建制部分指列入作战部队行政编制的部分（JP 1）。

passage of lines 越线

（国防部）一支部队为与敌人接触或脱离接触而向前或向后运动越过另一支部队的战斗阵地的行动（JP 3-18）。

phase line 调整线

（国防部）用于控制和协调军事作战的一条线，通常在作战地域中有很容易辨别的特点（JP 3-09）。

position area for artillery 炮兵阵地

（陆军）指定给炮兵部队的区域，在该区域单独的炮兵系统能通过机动提高其生存能力。炮兵阵地并非占领该区域的野战炮兵的作战地域（FM 3-90-1）。

precision-guided munition 精确制导弹药

（国防部）用于摧毁点目标并将附带毁伤降低至最小的制导武器（JP 3-03）。

precision munition 精确弹药

精确弹药是一种可以根据弹道条件通过制导与控制投向目标点的炸弹或末端误差小于有效毁伤半径的弹药（FM 3-09）。

preparation 准备

（陆军）准备工作包括部队和士兵开展行动来有效提升作战能力（ADP 5-0）。

preparation fire 射击准备

对既定目标进行短暂、密集的轰炸，或是对大量目标进行长时间的轰炸（FM 3-09）。

principle 原则

（陆军）一种综合和基础的规律或假设，可以用于指导组织机构开展行动以及思考如何作战（ADP 1-01）。

priority of fires 火力优先次序

指挥官对下级参谋人员、下级军官、火力支援计划人员以及支援部门根据部队任务的重要性去组织和运用火力支援所进行的指导。

priority target 优先目标

基于时间和重要性，优先于所有指定发射单元或平台火力对该目标进行打击。

propellant 推进剂

（陆军）推进剂是低序爆发而不是高爆（TC 3-09.81）。

protection 防护

（国防部）对部署或驻扎在一给定作战地区界内或界外的执行相关任务达到军事或非军事人员、装备、设施、信息以及基础设施的战斗力和生存能力采取的防护（JP 3-0）。

pursuit 追击

（陆军）一种进攻样式，旨在追捕或切断试图逃跑之敌，并以消灭它为目的（ADP 3-90）。

reconnaissance 侦察

（国防部）所执行的一种任务，旨在通过目力观察或其他侦察手段获得有关敌人或潜在敌人的活动与资源的情报，或者搜集有关某特定地区的气象、水文或地理特征的资料（JP 2-0）。

reconnaissance objective 侦察目标

（陆军）可以是地形特征、地理区域、敌人兵力、敌对力量、其他任务或作战变量，如特定的民事考虑因素，指挥官希望获得有关这些因素的更多信息（ADP 3-90）。

reinforcing 加强

（陆军）需要一个部队支援另一个支援部队的支援关系（FM 3-0）。

relief in place 原地换班

（国防部）根据上级指示，在某个地区的全部或部分部队由接班部队替换的行动。交班部队将任务所负的责任及受领的作战地区均转交给接班部队，接班部队按命令继续遂行作战行动（JP 3-07.3）。

required supply rate 所需补给率

（陆军）在规定时期内维持任何指定部队的作战行动，使之不受限制而估计的所需弹药量，用于武器发射的弹药时，以每件武器每日多少发表示（ATP 3-09.23）。

reserve 预备队

（陆军）一支部队的一部分，控制于后方或在作战开始时不投入战斗，以便在采取决定性行动时使用。

restricted operation area 限制活动空域

（国防部）是一个经空域管制权力机构划定的具有一定规格的空域，是在作战中针对特定的作战态势/需求，对一个或多个空域使用者限制的行为（JP 3-52）。

restrictive fire area 限制射击区

（国防部）强加有明确限制条件的区域，在该区域内，超出限制条件的火力，若未与设置该区域的司令部进行协调，是不能射击的（JP 3-09）。

restrictive fire line 限制射击线

（国防部）是在两支正在会合的己方部队之间设置的一条线，用于阻止火力或火力效果跨越该线（JP 3-09）。

retirement 主动退却

（陆军）一支未与敌接触的部队为离开敌人而向后转移的行动（ADP 3-90）。

retrograde 退却

（陆军）有组织的脱离敌人的防御任务（ADP 3-90）。

risk management 风险管理

（国防部）对由作战因素引起的风险进行确定、评估和控制以及定下决心的过程，以便对风险成本与任务获益进行权衡（JP 3-0）。

role 任务

（陆军）建立某组织或部门的一般、长期目的（ADP 1-01）。

rules of engagement 交战规则

（国防部）由相关军事当局发出的指示，规定美国部队可在何种环境和限制条件下对所遭遇的其他部队发起攻击和/或继续与之交战（JP 3-84）。

running estimate 运行评估

（陆军）对当前情况的连续评估，用于确定当前行动是否按照指挥官的意图进行，以及是否可支援计划中的后续作战（ADP 5-0）。

scheme of fires 火力方案

（国防部）为了实现受支援指挥官的意图，发现和打击高回报目标而制定的一个详细的、有规则的一系列目标与火力支援行动相关联的文书（JP 3-09）。

security area 警戒地域

（陆军）由部队警戒分队占据的区域，包括这些警戒分队的影响区域（ADP 3-90）。

security force assistance 安全部队协助

（国防部）国防部支援外国安全部队及其支援机构的能力和能力发展的活动（JP 3-20）。

shaping operation 塑造行动

（陆军）是各级通过对敌人、其他参与者和地形施加影响，为决定性作战能够胜利创造和保持条件的作战行动（ADP 3-0）。

stability operation 稳定行动

（陆军）作为作战任务一部分，与美国以外的其他国家力量机构进行协调的任务，旨在维持和重建一个安全的环境，并提供基本的政府服务，应急基础设施重建，以及人道主义援助（ADP 3-07）。

strike 打击

（国防部）旨在破坏或摧毁目标或某种作战能力而发动的攻击（JP 3-0）。

strike coordination and reconnaissance 攻击协调和侦察

（国防部）为侦察目标并协调或实施对这些目标的打击或侦察而实施的飞行任务（JP 3-03）。

support area 支援地域

（陆军）指挥官作战地区的一部分，其目的是促进基地保障资源的位置配置、使用和保护，以保障、赋能和控制作战行动（ADP 3-0）。

supporting effort 助攻

（陆军）下属部队奉命支援主攻部队行动的成功实施（ADP 3-0）。

supporting range 支援范围

（陆军）一支部队在地理上与另一支部队分割开的距离，但是仍然在另一支部队武器系统的最大射程之内（ADP 3-0）。

suppress 抑制

（陆军）一种战术任务，可使敌人的部队或武器系统性能临时性下降至低于其完成任务所需的水准（FM 3-90-1）。

suppression 抑制

（国防部）一种战术任务，可使敌人的部队或武器系统性能临时性下降至低于其完成任务所需的水准（FM 3-90-1）。（陆军）依据野战炮兵火力毁伤效果量化评估，可导致目标暂时失效，造成至少3%的人员伤亡或者物资损失（FM 3-09）。

suppression of enemy air defenses 压制敌防空配系

（国防部）通过摧毁性和/或破坏性手段压制、摧毁或暂时削弱敌地面防空系统的活动（JP 3-01）。

suppressive fire 压制火力

作用于武器系统的火力，旨在火力打击阶段使其性能降低至所需完成任务的水平之下（FM 3-09）。

surveyed firing chart 连测地射击表

（陆军）表格中标注出了所有需求点的位置信息（连或排位置、已知点和观测点）（TC 3-09.81）。

sustainment 保障

（陆军）提供所需的后勤、财务管理、人员勤务和医疗勤务保障，延长作战行动，直到任务成功完成（ADP 4-0）。

sustaining operation 维持性作战行动

（陆军）各级通过积累或保持战斗力确保决定性作战或塑造性作战进行的作战行动（ADP 3-0）。

synchronization 同步

（国防部）在一定的时间和空间内执行军事行动的安排，目的是在决定性的空间和时间内产生相对最大的战斗力（JP 2-0）。

tactical combat force 战术作战部队

（国防部）一支可快速部署的空地机动作战部队，拥有适当的战斗支援和战斗勤务保障资源，能够抵御包括诸兵种合成战斗队在内的三级威胁（JP 3-10）。

tactical control 战术控制

（国防部）一种部队指挥权，只限于在作战区域内为完成受领的作战任务或特遣任务所必需的运动和机动进行的具体指挥与控制（JP 1）。

target 目标

（国防部）一个实体或物体，敌方因其职能有可能对其实施攻击或采取其他行动（JP 3-60）。

target acquisition 目标搜索

（国防部）对目标进行充分细致的探测、识别、定位，旨在有效地运用武器系统，实现预期效果（JP 3-60）。

target area of interest 目标关切地域

（国防部）己方部队可以获取和攻击高价值目标的地理区域（JP 2-01.3）。

target coordinate mensuration 目标坐标测量

测量地球上地貌或位置的过程，旨在确定绝对纬度、经度和高度。测量工具可使用各种技术来获得坐标。这些可能包括但不仅限于，直接从数字化点定位数据库（DPPDB）立体声或双声道的立体图片读取、多图像地理定位或与数字化定位数据库有关的间接图像（参谋长联席会议主席指示3505.01D）。

target location error 目标定位误差

（国防部）目标已生成坐标与目标实际位置之间的差值（JP 3-09.3）。

task-organizing 特混编组

（陆军）为了完成特定的任务或使命，按照编制作战部队、支援参谋机构或者特定规模和组成的后勤编队的行动（ADP 3-0）。

tempo 节奏

（陆军）军事行动相对于敌人的相对速度和节奏（ADP 3-0）。

terminal attack control 末端攻击控制

（国防部）控制攻击飞行器机动，并准许武器攻击飞行器打击核准的权利（JP 3-09.3）。

terminal guidance operations 末端引导作战

（国防部）依据特殊目标的位置，提供电子、机械、声音或视频沟通的行动，能为接近的飞行器和/或武器提供额外信息（JP 3-09）。

terrain gun position corrections 地形炮阵地修正

（陆军）作为枪炮手辅助，为基于全景望远镜独立榴弹炮修正方式，根据射程范围和每门炮引信设置（TC 3-09.81）。

threat 威胁

（陆军）任何实施者、实体或军队的组合，有能力且有意损害美国军队、美国国家利益或本土（ADP 3-0）。

trigger line 触发线

（陆军）一条调整线，通常是位于横贯作战地带的可识别地形，主要用来标示各种武器系统在其射程范围内向作战区域开始射击或集中射击（ATP 3 - 21.20）。

troop movement 部队运动

（陆军）官兵和部队通过任何可用方式的转移（ADP 3 - 90）。

unified action partners 统一行动伙伴

（陆军）作战行动过程中，陆军部队与之共同筹划、协调、同步、整合的军队、政府和非政府组织、私营部门（ADP 3 - 0）。

weapons locating radar 武器定位雷达

一种连续的目标搜索反炮兵系统，它能侦察飞行中的弹丸，并能传送起始点和作用点的位置（FM 3 - 09）。

weaponeering 确定使用武器数量

（国防部）为了对既定目标产生预期效果，确定所需的特定类型的兵器数量的过程（JP 3 - 60）。

withdraw 撤退

（陆军）与敌军脱离接触，并向远离敌军的方向运动（ADP 3 - 90）。

zone of fire 射击地带

（国防部）是某一指定的地面部队或火力支援舰投送或准备投送火力支援的地域（JP 3 - 09）。

参考文献

[1] 吴明曦. 智能化战争 [M]. 北京：国防工业出版社，2020.
[2] 刘锋. 崛起的超级智能互联网大脑如何影响科技未来 [M]. 北京：中信出版社，2019.
[3] 刘东明. 智能 + [M]. 北京：中国经济出版社，2019.
[4] 石海明，贾珍珍. 人工智能颠覆未来战争 [M]. 北京：人民出版社，2019.
[5] 曲强，林益民. 区块链 + 人工智能：下一个改变世界的经济新模式 [M]. 北京：人民邮电出版社，2019.
[6] 李晓芬. 美军联合情报条令体系研究 [M]. 北京：金城出版社，2023.
[7] 刘强，孙东亚. 美军新版陆上联合作战条令内容解析 [J]. 指挥学报，2023（2）：69 - 70.
[8] 袁园，杜红兵，毋晓鹤. 美国空军电子战条令演进特点及启示 [J]. 外军研究，2023（6）：93 - 96.
[9] 李柔刚，李霞，叶强强. 美军网电领域作战条令演进动因 [J]. 信息对抗学术，2019（2）：93 - 94.
[10] 任剑. 作战条令概论 [M]. 北京：军事科学出版社，2016.
[11] 张新征. 美军野战炮兵（火力支援）作战条令制定过程简介 [J]. 外军炮兵，2002（10）：14 - 15.
[12] 夏文成，张文革. 美军 JP 3 - 85《联合电磁频谱作战条令》解读 [J]. 电磁空间安全，2022（1）：16 - 20.
[13] 陈坤明，张孝娜. 美国陆军新版作战条令解读及对我启示 [J]. 装甲装备资讯，2019（4）：40 - 46.
[14] 梁立. 美军特种作战条令研究 [J]. 指挥控制与仿真，2020（12）：135 - 140.
[15] 路明磊，殷志臣，杨勇. 美国陆军特种作战条令建设特点规律及启示 [J]. 外军研究，2020（4）：77 - 79.
[16] 李晓芬，申华. 美军联合情报条令体系的功能探析 [J]. 情报学刊，2019（12）：23 - 33.
[17] 庄林，于沐泽. 美陆军新版《旅战斗队》野战条令述评 [J]. 军事文摘，2021（10）：52 - 57.
[18] 秦鲁兮. 从军种条令变化看美陆军任务式指挥概念的曲折发展 [J]. 联合军情参考，2023（15）：102 - 111.
[19] 朱玉萍，王海. 美军电子战条令体系及特点分析 [J]. 国防科技，2016（4）：54 - 58.
[20] 朱莉欣. 从联合条令看美国军事法的发展和创新 [J]. 军队政工理论研究，2010（6）：114 - 116.
[21] 孙勐，何超. 美国陆军后勤条令法规体系建设及启示 [J]. 指挥学报，2019（2）：69 - 70.
[22] 黎毅. 美军条令体系及其特点 [J]. 外国军事学术，2005（8）：55 - 60.
[23] 杨宇杰. 美国空军条令体系研究 [J]. 外军研究，2016（2）：55 - 59.
[24] 韩林，赵同生. 加快构建我军新一代联合作战条令体系 [J]. 国防大学学报，2019（3）：

33－35.

［25］董小龙．中美两军作战条令体系之比较［J］．军事学术，2019（10）：37－38.

［26］汪婧，刘永刚．美军空中作战条令发展研究［J］．空军指挥学院学报，2020（4）：79－80.

［27］杨静言，曹言浪．2016 年以来美国海军陆战队情报条令体系的变化及其原因探析［J］．情报学刊，2020（12）：16－21.

［28］段峰，王华能．解读美军 2018 年版太空作战条令的新变化［J］．空军军事学术，2018（6）：27－29.

［29］张珂，秦君玮．美军信息作战领域条令概况与启示［J］．信息对抗学术，2020（2）：91－93.

［30］孙国权，彭云峰．美军新版《陆上联合作战条令》特点探析［J］．指挥学报，2021（11）：69－70.

［31］赵春霞，何轶琼，郑玉成．美军新版《联合核作战》条令解析及思考［J］．火箭军军事学术，2022（2）：66－68.

［32］任国军．美军情报条令导读［M］．北京：军事科学出版社，2013.

［33］郝东白．美军情报条令的建设特点与运用［J］．装甲兵学报，2022（6）：123－125.

［34］张振月，潘小飞，张海超．美战区陆军指挥体制及其作战运用研究［J］．外军研究，2020（4）：82－85.

［35］燕彩蓉，潘乔．机器学习：因子分解机模型与推荐系统［M］．北京：科学出版社，2019.

［36］胡海喜，陈刚．影响智能化战争的关键技术［J］．当代海军，2013（2）：23－26.

［37］（美）特伦斯·谢诺夫斯基．智能时代的核心驱动力量［M］．姜悦兵，译．北京：中信出版社，2019.

［38］何楚鸿，余大林．人人都能读懂的区块链［M］．北京：地震出版社，2019.

［39］庞宏亮．智能化战争［M］．上海：社会科学院出版社，2018.

［40］杨胜利．中国军队现代化指标体系与评价方法研究［D］．北京：国防大学，2005.

［41］许昌．把准智能化作战指挥脉动［N］．解放军报，2020－03－05.

［42］黄建明，郝东白，邹振宇．瞄准智能化创新指挥理念［N］．解放军报，2018－09－27（7）.

［43］胡有才．用智能化破解不确定性［N］．解放军报，2020－08－13（7）.

［44］曾光．智能化作战后装保障管窥［N］．解放军报，2020－07－02（7）.

［45］张全礼．陆战场智能化作战设计研究［D］．南京：陆军指挥学院，2020.

［46］黄亮，牛耕田，朱峰．陆军无人装备作战指挥信息系统［J］．国防科技，2020（1）：45－49.

［47］郑启．基于精确保障思想的装甲机械化部队智能化装备保障系统构建［J］．国防科技，2019（4）：30－34.

［48］王庆忠．炮兵信息化人才建设问题研究［D］．张家口：炮兵指挥学院，2008.

［49］李海锁．预备役炮兵部队信息化建设问题研究［D］．张家口：炮兵指挥学院，2006.

［50］智韬．微型分布式作战：以小博大制胜战争［N］．解放军报，2019－06－11（7）.

［51］胡中明．聚焦实现建军一百年奋斗目标 加快全面提升新兴领域战略能力［N］．学习时报，2024－05－17（1）.

［52］薛艳晓．科学的军事理论就是战斗力［N］．解放军报，2024－10－18（4）.

［53］何毅亭．国防和军队现代化是中国式现代化的重要组成部分［N］．解放军报，2024－11－15（7）.

［54］刘海江，落焱霞．优化军事理论创新顶层设计［N］．解放军报，2024－11－05（7）.

［55］李建平，刘文术，张晓军．加速网络信息体系智能化赋能［N］．解放军报，2024－06－04

(7).

[56] 白新有, 赵杨华. 未来智能化战争战场态势感知刍议 [J]. 军队指挥自动化, 202 (2): 31-34.

[57] 高凯. 把握作战指挥新变化 [N]. 解放军报, 2024-08-20 (7).

[58] 卢鹏, 李圣杰, 周治宇. 打通联合作战指挥链路着力点 [J]. 指挥学报, 2022 (02): 32-33.

[59] 史建波. 理性审视作战决策 [N]. 解放军报, 2020-01-27 (7).

[60] 吴蕾, 王丹, 张兴坡. 智能化手段助力指挥决策升级 [N]. 解放军报, 2021-01-19 (7).

[61] 罗显廷. 指挥信息系统智能化辅助决策研究 [J]. 国防大学学报, 2019 (05): 53-56.

[62] 袁博. 智能化作战研究 [M]. 北京: 兵器工业出版社, 2022.

[63] 董朝雷. 前瞻智能化作战后装保障方式 [N]. 解放军报, 2021-04-14 (7).

[64] 谢恺, 张东润, 梁小平. 透视智能化战争制胜机理嬗变 [N]. 解放军报, 2022-04-26 (7).

[65] 李玉焱, 刘河山. 透视未来战争发展之变 [N]. 解放军报, 2024-02-29 (7).

[66] 李文清, 周德旺. 优化联合作战指挥体系 [N]. 解放军报, 2023-01-05 (7).

[67] 张长生. 加强新时代联合作战文化建设 [N]. 解放军报, 2023-11-28 (7).

[68] 胡有才. 创新体系支撑下精兵作战协同模式 [N]. 解放军报, 2020-02-13 (7).

[69] 顾玺. "大国竞争"时代的美国军事战略调整 [J]. 国防大学学报, 2021 (2): 33-37.

[70] 伏小涛. 21世纪美国军事改革的主要特点 [J]. 教研信息参考, 2018 (3): 58-60.

[71] 徐存国, 杨雪卓. 加强典型行动专攻精练 [N]. 解放军报, 2024-10-24 (4).

[72] (日) ITPRO. 全球人工智能应用真实落地50例 [M]. 杨洋, 刘继红, 译. 北京: 电子工业出版社, 2018.

[73] 徐廷学. 导弹武器系统可用度评估优化与预测方法 [M]. 北京: 国防工业出版社, 2017.

[74] 智能科技研究课题组. 智能社会前瞻 [M]. 北京: 中国科学技术出版社, 2016.

[75] 智能科技研究课题组. 智慧能源创新 [M]. 北京: 中国科学技术出版社, 2016.

[76] 张宏军. 提升我军火力毁伤评估能力应着力解决的问题 [J]. 国防大学学报, 2022 (12): 44-47.

[77] 邹振宁. 战区联合作战多源情报融合探析 [J]. 国防大学学报, 2018 (6): 57-59.

[78] 岳松堂. 国外陆军武器装备发展动向 [J]. 现代兵器, 2018 (2): 12-25.

[79] 刘海洋, 唐宇波, 胡晓峰, 等. 面向联合作战评估的兵棋推演实验研究 [J]. 指挥与控制学报, 2018 (12): 272-280.

[80] 胡晓峰, 荣明. 智能化作战研究值得关注的几个问题 [J]. 指挥与控制学报, 2018 (3): 195-200.

[81] 陈彬, 邱晓刚, 王亦平. 智能化的平行实验方法 [J]. 系统仿真学报, 2017 (9): 196-204.

[82] 王雪诚. 人工智能算法: 改写战争的无形之手 [J]. 军事文摘, 2017 (21): 21-24.

[83] 李春元, 张继伟. 智能化给战争带来革命性冲击 [N]. 解放军报, 2017-12-15 (7).

[84] 陆知胜. 大步迈进全域作战新时代 [N]. 解放军报, 2017-09-14 (7).

[85] 国务院新闻办公室. 新时代的中国国防 [M]. 北京: 人民出版社, 2019.

[86] 国家发展和改革委员会. 中华人民共和国国民经济和社会发展第十四个五年规划和2035年远景目标纲要 [M]. 北京: 人民出版社, 2021.

[87] 钱勇. 基于知识的战场数据样本标签匹配方法研究 [D]. 南京: 南京大学, 2019.

[88] 严甲汉. 无人系统的自主导航技术研究与验证 [D]. 成都: 电子科技大学, 2018.

[89] GILL J. New paper outlines how army will operationalize MDTF for future conflict [J]. Inside the Army, 2021, 33 (12): 1-8.

[90] Headquarters Department of the Army. Army Multi-Domain Transformation Ready to Win in Competition

and Conflict [Z]. Washington, D. C., 16 March 2021.

[91] EBBUTT G. Network modernization: Targeting multi – domain domination [J]. Jane's Information Group Limited. Jane's International Defence Review, 2020, 53: 60 – 65.

[92] ROQUE A. US Army seeks higher rate of fire for its ERCA prototype [J]. Jane's Information Group Limited. Jane's Defence Weekly, 2021, 58 (18): 9.

[93] United States Department of Defense. Summary of the department of defense artificial intelligence strategy—harnessing AI to advance our security and prosperity [EB/OL]. [2019 – 02 – 11]. https://media.defense.gov/2019/Feb/12/2002088963/ – 1/ – 1/1/Summary – of – dod – AI – strategy.pdf.

[94] US House of Representatives. National defense authorization ACT for fiscal year 2019 [EB/OL]. [2018 – 05 – 15]. https://www.congress.gov/115/crpt/hrpt676/CRPT – 115hrpt676.pdf.

[95] GUO J L, LIANG J Y, BAI L, et al. PF Net: A novel part fusion network for fine – grained image categorization [C]. Big MM, 2018.

[96] United States Office of the Director of National Intelligence. The US intelligence community's five year strategic human capital plan [EB/OL]. [2006 – 06 – 22]. https://fas.org/irp/dni/humancapital.pdf.

[97] ZHANG X Y, ZHOU X Y, LIN M X, et al. Shuffle Net: An extremely efficient convolutional neural network for mobile devices [C]. CVPR, 2018.

[98] MA N N, ZHANG X Y, et al. Shuffle Net V2: Practical guidelines for efficient CNN architecture design [C]. ECCV (14), 2018.

[99] Headquarters Department of the Army. FM 6 – 20 Field Artillery Tactics and Operations [Z]. Washington, D. C., 1973 – 8 – 30.

[100] Headquarters Department of the Army. FM 6 – 20 Fire Support in Combined Arms Operations [Z]. Washington, D. C., 1977 – 9 – 30.

[101] Headquarters Department of the Army. FM 6 – 20 Fire Support in Combined Arms Operations [Z]. Washington, D. C., 1983 – 1 – 30.

[102] Headquarters Department of the Army. FM 6 – 20 Fire Support in the Airland Battle [Z]. Washington, D. C., 1988 – 5 – 17.

[103] Headquarters Department of the Army. FM 3 – 09 Fire Support [Z]. Washington, D. C., 2011 – 11 – 3.

[104] Headquarters Department of the Army. FM 3 – 09 Field Artillery Operations and Fire Support [Z]. Washington, D. C., 2014 – 4 – 4.

[105] Headquarters Department of the Army. ADP 3 – 19 Fires [Z]. Washington, D. C., 2019 – 7 – 31.

[106] Headquarters Department of the Army. FM 3 – 09 Fire Support and Field Artillery Operations [Z]. Washington, D. C., 2020 – 12 – 30.

[107] Headquarters Department of the Army. ATP 3 – 09.24 The Field Artillery Brigade [Z]. Washington, D. C., 2022 – 3 – 30.

[108] Headquarters Department of the Army. ATP 3 – 09.02. Field Artillery Survey [Z]. Washington, D. C., 2016 – 2 – 16.

[109] Headquarters Department of the Army. ATP 3 – 09.12. Field Artillery Counterfire and Weapons Locating Radar Operations [Z]. Washington, D. C., 2021 – 10 – 26.

[110] Headquarters Department of the Army. ATP 3 – 09.13. The Battlefield Coordination Detachment [Z]. Washington, D. C., 2015 – 7 – 24.

[111] Headquarters Department of the Army. ATP 3 – 09.23. Field Artillery Cannon Battalion [Z]. Washing-

ton, D. C. , 2015 - 9 - 24.

[112] Headquarters Department of the Army. ATP 3 - 09.30. Observed Fires [Z]. Washington, D. C. , 2017 - 9 - 28.

[113] Headquarters Department of the Army. ATP 3 - 09.32/MCRP 3 - 31.6/NTTP 3 - 09.2/AFTTP 3 - 2.6. Multi - Service Tactics, Techniques, and Procedures for the Joint Application of Firepower (JFIRE) [Z]. Washington, D. C. , 2023 - 11 - 29.

[114] Headquarters Department of the Army. Headquarters Department of the Army. ATP 3 - 09.34/MCRP 3 - 31.4/NTTP 3 - 09.2.1/AFTTP 3 - 2.59. Multi - Service Tactics, Techniques, and Procedures for Kill Box Planning and Employment [Z]. Washington, D. C. , 2022 - 10 - 7.

[115] Headquarters Department of the Army. ATP 3 - 09.42. Fire Support for the Brigade Combat Team [Z]. Washington, D. C. , 2016 - 3 - 1.

[116] Headquarters Department of the Army. ATP 3 - 09.50. The Field Artillery Cannon Battery [Z]. Washington, D. C. , 2016 - 5 - 4.

[117] Headquarters Department of the Army. ATP 3 - 09.60. Techniques for Multiple Launch Rocket System (MLRS) and High Mobility Artillery Rocket System (HIMARS) Operations [Z]. Washington, D. C. , 2020 - 7 - 29.

[118] Headquarters Department of the Army. ATP 3 - 09.90. Division Artillery Operations and Fire Support for the Division [Z]. Washington, D. C. , 2017 - 10 - 12.

[119] Headquarters Department of the Army. ATP 3 - 60.1/MCRP 3 - 31.5/NTTP 3 - 60.1/AFTTP 3 - 2.3. Multi - Service Tactics, Techniques and Procedures for Dynamic Targeting [Z]. Washington, D. C. , 2022 - 1 - 5.

[120] Headquarters Department of the Army. ATP 3 - 60.2/MCRP 3 - 20D.1/NTTP 3 - 03.4.3/AFTTP 3 - 2.72. Multi - service Tactics, Techniques, and Procedures for Strike Coordination and Reconnaissance [Z]. Washington, D. C. , 2018 - 1 - 31.

[121] Headquarters Department of the Army. TC 3 - 09.8. Fire Support and Field Artillery Certification and Qualification [Z]. Washington, D. C. , 2020 - 3 - 30.

[122] Headquarters Department of the Army. TC 3 - 09.81. Field Artillery Manual Cannon Gunnery [Z]. Washington, D. C. , 2016 - 4 - 13.

[123] Headquarters Department of the Army. ADP 1 - 01. Doctrine Primer [Z]. Washington, D. C. , 2019 - 7 - 31.

[124] Headquarters Department of the Army. ADP 3 - 0. Operations [Z]. Washington, D. C. , 2019 - 7 - 31.

[125] Headquarters Department of the Army. ADP 3 - 07. Stability [Z]. Washington, D. C. , 2019 - 7 - 31.

[126] Headquarters Department of the Army. ADP 3 - 13. Information [Z]. Washington, D. C. , 2023 - 11 - 27.

[127] Headquarters Department of the Army. ADP 3 - 37. Protection [Z]. Washington, D. C. , 2024 - 1 - 10.

[128] Headquarters Department of the Army. ADP 3 - 90. Offense and Defense [Z]. Washington, D. C. , 2019 - 7 - 31.

[129] Headquarters Department of the Army. ADP 4 - 0. Sustainment [Z]. Washington, D. C. , 2019 - 7 - 31.

[130] Headquarters Department of the Army. ADP 5 - 0. The Operations Process [Z]. Washington, D. C. , 2019 - 7 - 31.

[131] Headquarters Department of the Army. ADP 6 - 0. Mission Command: Command and Control of Army Forces [Z]. Washington, D. C. , 2019 - 7 - 31.